AI 디지털 교과서 가이드북

인공지능 탐구 생활

글 김상수
그림 프롬프트랩

인공지능 탐구 생활

AI 디지털 교과서 가이드북

1판 1쇄 발행일 2024년 10월 30일

지은이 김상수

펴낸이 권준구 | 펴낸곳 (주)지학사

편집 프롬프트랩 | 디자인 김보령 | 일러스트 프롬프트랩

등록 1957년 3월 18일 제13-11호

주소 서울시 마포구 신촌로6길 5

전화 02.330.5263 | 팩스 02.3141.4488

이메일 arbolbooks@jihak.co.kr | 홈페이지 www.jihak.co.kr

ISBN 979-11-6204-175-8 73500

* 책값은 뒤표지에 표기되어 있습니다.

* 잘못된 책은 구입하신 곳에서 바꿔 드립니다.

* 이 책의 전부 또는 일부 내용을 재사용하려면 반드시 저작권자의 사전 동의를 받아야 합니다.

> * 이 책의 글과 이미지는 AI 도구의 도움을 받아 제작되었습니다. 글 작성에는 ChatGPT 4.o과 Gemini가 사용되었으며, 이미지 생성에는 DALL-E와 Adobe Firefly가 활용되었습니다. AI 도구를 활용한 이미지 생성 과정에서 일관성을 유지하는 데 어려움이 있었지만, 인공지능 소개서를 AI로 제작한다는 의미에서 이러한 방식을 선택했습니다. 이 책이 독자들에게 인공지능의 무한한 가능성을 탐구할 수 있는 계기가 되길 바랍니다.

인공지능 탐구 생활

작가의 말

　책장을 넘기는 순간, 여러분은 이미 인공지능의 파도를 타고 있습니다. 조용히 그러나 확실하게 우리 삶을 변화시키고 있는 인공지능의 세계로 여러분을 초대합니다.

　여러분은 이 책에서 인공지능의 놀라운 잠재력을 만나게 될 것입니다. 인공지능은 의료 분야에서 진단과 치료를 혁신적으로 개선하고, 자율 주행 자동차를 통해 교통 시스템을 변화시키며, 교육 분야에서 맞춤형 학습을 가능하게 합니다. 또 인공지능은 기후 변화 대응, 에너지 효율성 향상, 농업 생산성 증대 등 다양한 영역에서 획기적인 솔루션을 제공합니다. 이러한 기술들은 우리의 삶을 더 안전하고, 편리하며, 지속 가능하게 만드는 데 중요한 역할을 할 것입니다.

하지만 이 모험은 단순히 지식을 탐색하는 것 이상의 의미를 지닙니다. 인공지능의 깊은 바다를 탐험하며, 우리는 기술 격차, 개인 정보 보호, 새로운 변화에 대한 책임감 등 숨겨진 윤리적 질문들과 마주하게 됩니다. 이러한 질문들은 여정을 더 깊고 의미 있게 만들어 줄 것입니다.

연세대학교와 카이스트에서 기계공학을 공부한 친구, 이상엽은 단단한 선형대수 실력으로 인공지능을 통찰하며 저에게 많은 영감을 주었습니다. 또한, 대학원에서 인공지능을 공부하고 있는 조준과 김세형은 인공지능을 이해하는 데 있어 가이드 역할을 해 주었습니다.

페이지마다 인공지능의 매혹적인 세계가 펼쳐집니다. 이 여행을 통해 여러분이 얻게 될 것은 정보의 축적만이 아닙니다. 세상을 바라보는 새로운 관점과 자신의 역할을 발견할 것입니다. 인공지능의 미래는 여러분의 손에 달려 있습니다.

김상수

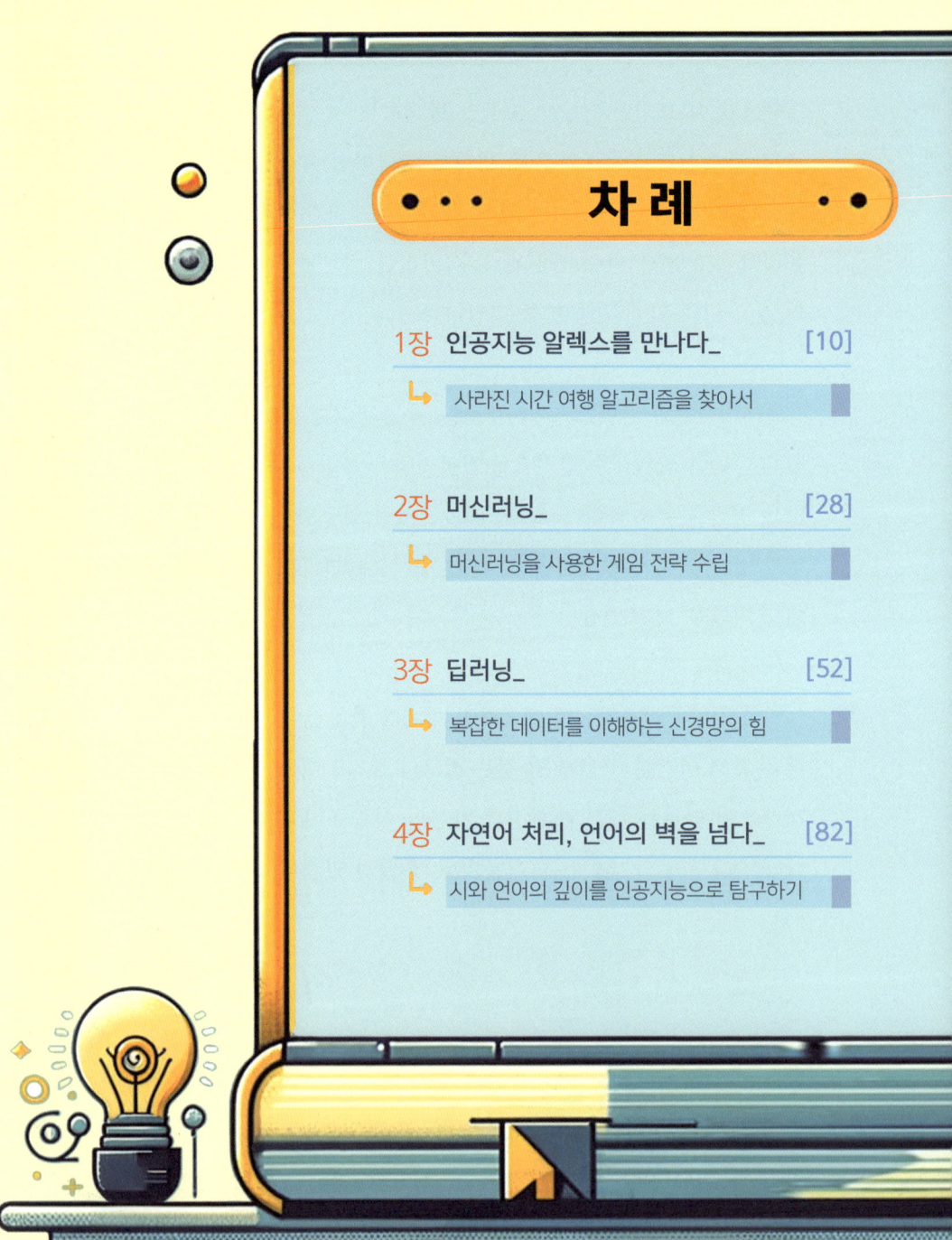

차 례

1장 인공지능 알렉스를 만나다_ [10]
↳ 사라진 시간 여행 알고리즘을 찾아서

2장 머신러닝_ [28]
↳ 머신러닝을 사용한 게임 전략 수립

3장 딥러닝_ [52]
↳ 복잡한 데이터를 이해하는 신경망의 힘

4장 자연어 처리, 언어의 벽을 넘다_ [82]
↳ 시와 언어의 깊이를 인공지능으로 탐구하기

5장 컴퓨터 비전_ [110]
↳ 이미지를 이해하는 인공지능의 힘

6장 인공지능의 윤리적 및 사회적 함의_ [138]
↳ 책임 있는 인공지능 사용을 위한 탐구와 실천

7장 인공지능 프로젝트와 경연 대회_ [160]
↳ 지속 가능한 에너지 관리를 위한 인공지능 솔루션

에필로그 인공지능 혁신가들_ [190]

등장인물

우주

우주는 호기심이 넘치며, 과학과 기술에 대한 강한 열정이 있다. 항상 새로운 것을 배우고 탐구하기를 좋아하고, 팀에서는 창의적인 아이디어를 제시하는 역할을 맡고 있다. 인공지능을 활용하여 다양한 문제를 해결하고, 세상을 더 나은 곳으로 만드는 꿈을 꾸고 있다.

지수

지수는 분석적 사고와 문제 해결 능력이 뛰어나다. 팀에서는 프로젝트 관리와 데이터 분석을 담당하며, 이성과 감성을 균형 있게 유지하는 중요한 역할을 한다. 환경 보호와 지속 가능한 발전에 깊은 관심이 있으며, 인공지능을 통해 사회 문제를 해결하려는 목표가 있다.

 **알렉스**

알렉스는 A 허브에서 우주와 지수를 도와주는 인공지능 가이드로, 다양한 인공지능 기술과 관련된 지식을 제공하는 역할을 맡고 있다. 프로젝트 진행 중에 기술적 조언을 아끼지 않으며, 윤리적 문제에 대한 깊이 있는 통찰을 제시한다. 알렉스는 지수와 우주에게 영감을 주며, 그들의 학습과 성장을 돕는다.

1장
인공지능 알렉스를 만나다

↳ 사라진 시간 여행 알고리즘을 찾아서

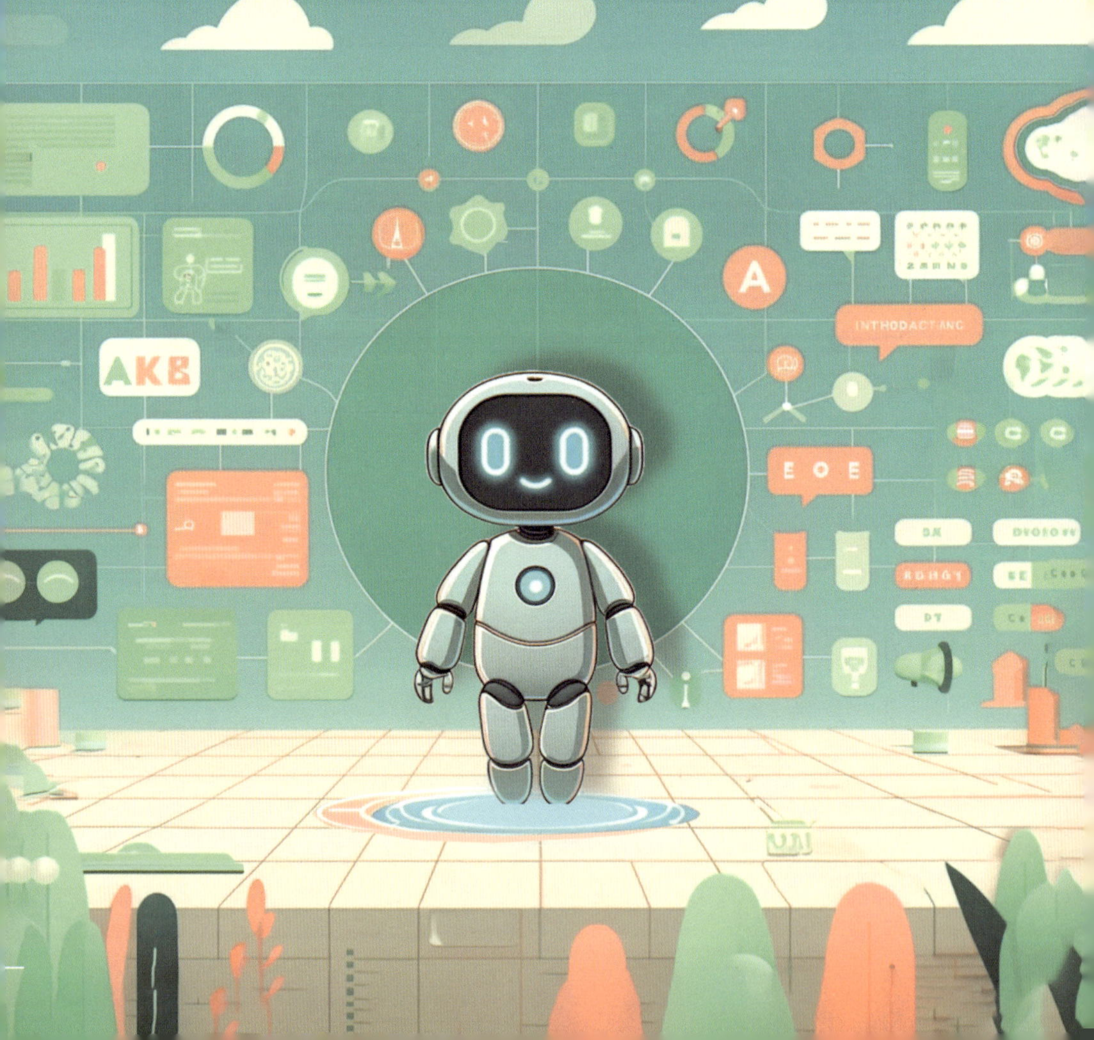

학교 뒤편에 있는 오래된 컴퓨터실은 학생들 대부분의 관심을 받지 못했지만, 우주와 지수에게는 매우 특별한 곳이었다. 그들은 동아리 선생님의 부탁으로 '시간 여행 알고리즘'이라 불리는 프로젝트의 원본 코드를 찾아내야 했다. 이 프로젝트는 몇 년 전 컴퓨터 동아리 학생들이 만든 것으로, 과거의 역사적 사건들을 재현하는 시뮬레이션 프로그램이었다. 한때 학생들 사이에서 큰 인기를 끌었지만 시간이 흐르면서 서서히 잊혔고, 그 원본 코드 역시 사라졌다.

컴퓨터실은 마치 시간이 멈춘 공간처럼 정적에 휩싸여 있었다. 벽에 걸린 포스터들은 색이 바래고 낡아 있었다. 책상 위에는 누군가 무심코 펼쳐 놓고 간 듯한 서류와 노트가 어지럽게 놓여 있었다. 모니터에 먼지가 쌓인 모습은 이 공간이 오랜 시간 동안 잊혀져 있었음을 말해 주는 듯했다.

이 고요한 공간에서 우주와 지수는 작업에 몰두하고 있었다. 우주는 먼지가 쌓인 키보드를 깨끗이 닦았다. 곧이어 필요한 정보를 찾기 위해 빠르게 타이핑하기 시작했다. 한편, 지수는 모니터 화면에만 집중하고 있었다. 그녀의 눈동자는 화면을 빠르게 스캔하며 필요한 정보를 찾고 있었다.

다른 컴퓨터에 비해 화면이 크고 키보드가 깔끔한 컴퓨터를 주의 깊게 살펴보던 우주가 소리쳤다.

"지수야, 여기 좀 봐! 이게 학생들이 프로젝트에 사용했던 컴퓨터 같아. 우리가 찾는 코드가 여기 있을지도 몰라."

지수는 우주의 곁으로 다가와, 신중하게 바라보며 말했다.

"그래, 이 컴퓨터는 당시 최신 업그레이드 기법으로 개선된 모델이야. 이 시스템은 독특한 프로그래밍 방식을 사용했어. 우리가 찾고 있는 코드와 관련이 있을 거야."

인공지능 알렉스와의 첫 만남

전원 버튼을 누르자, 오래된 컴퓨터는 낡은 소리를 내며 켜졌다. 전자음이 울려 퍼지며, 컴퓨터 앞에 홀로그램 형태의 디지털 로봇이 나타났다.

"안녕하세요. 저는 인공지능 가이드 알렉스입니다. 우주! 지수! 인공지능의 세계, A 허브에 오신 것을 환영합니다! A 허브는 여러분이 앞으로 모험을 펼칠 판타지 공간으로, 무한한 가능성과 도전이 있는 곳입니다."

알렉스의 목소리는 약간의 울림이 있었으며, 듣는 이에게 신비한 느낌을 불러일으켰다.

우주와 지수는 눈을 크게 뜨고 홀로그램을 바라보았다. 두 사람은 놀란 표정으로 서로를 쳐다보며 뒤로 한 걸음 물러났다.

"영화에서 나오는 그런 인공지능 같은 거예요?"

우주가 조심스레 물었다. 그의 목소리에는 호기심과 약간의 떨림이 섞여 있었다. 지수는 놀란 눈으로 주변을 둘러보며 물었다.

"어떻게 우리 이름을 알고 있죠?"

그 순간, 조용하고 어두웠던 공간이 생명을 얻은 듯 갑자기 변화하기 시작했다. 방 안은 금세 벽이 사라지듯 흐릿해지고, 그 자리를 최첨단 장비와 기술이 채웠다. 공중에 떠 있는 홀로그래픽 디스플레이, 상호 작용이 가능한 3D 모델들, 그리고 오로라처럼 흐르는 데이터 스트림으로 가득 찼다. 중앙에서는 인공지능 알렉스의 홀로그램이 디지털 미소를 띠며 우주와 지수를 맞이했다.

"네, 정확히 그렇습니다. 저는 여러분의 이름과 관심사를 데이터 분석을 통해 알아냈습니다. 여러분이 이곳에 오기 전부터 여러분에 대해 배우기 시작했죠."

알렉스의 목소리는 따뜻하고 친절했다.

우주는 다시 질문했다.

"인공지능에 대해서 더 자세히 알려 줄 수 있나요?"

알렉스는 미소를 지으며 설명을 이어갔다.

"인공지능은 인간의 뇌를 모방하여 만들어진 컴퓨터 과학 기술입니다. 복잡한 알고리즘과 방대한 양의 데이터를 기반으로 작동하죠."

이제 이 오래된 컴퓨터실은 새로운 세계로 향하는 관문과도 같았다. 두 사람은 알렉스가 제공하는 정보에 몰두했다. 알렉스에 집중하면서 때로는 서로의 눈빛을 주고받으며, 이해했다는 듯 고개를 끄덕이기도 했다. 시간이 흐를수

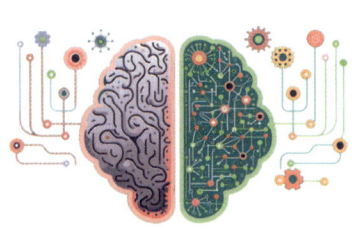

인공지능은 인간의 뇌를 모방하여 일을 할 수 있는 기술이다.

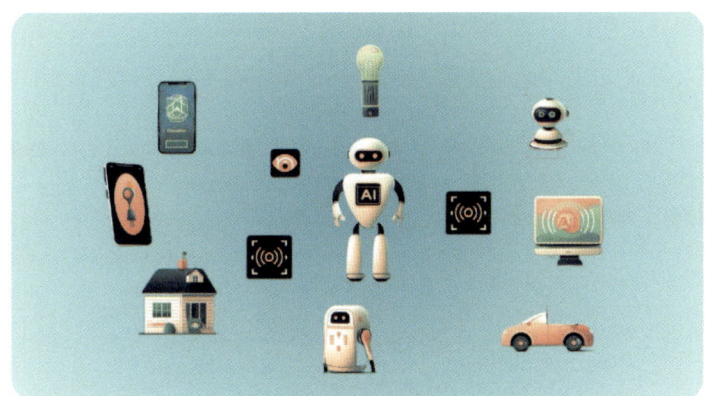
일상생활 속의 인공지능

록 이 컴퓨터실은 우주와 지수에게 새롭고 매력적인 장소로 변해 갔고, 그 중심에는 알렉스가 있었다. 알렉스는 설명을 이어갔다.

"인공지능은 오랫동안 발전해 왔어요. 기본적인 머신러닝에서 시작하여, 현재는 딥러닝 기술에 이르렀죠."

우주는 호기심 가득한 목소리로 물었다.

"우리가 매일 사용하는 것에도 인공지능이 들어 있나요?"

알렉스는 미소를 지으며 답했다.

"네, 우주! 여러분이 매일 사용하는 많은 것들이 인공지능을 기반으로 작동하고 있어요. 스마트폰뿐만 아니라 가전제품, 자동차 등 다양한 분야에서 인공지능이 활용되고 있어요."

화면에 인공지능의 발전 역사가 간략히 나타났다. 초기에는 체스를 두는 기계에서 시작해 최근의 딥러닝 기술에 이르기까지의 발전 과정이 표시되었다.

인공지능의 활용과 미래

"그럼, 다른 일상생활에서 인공지능은 구체적으로 어떻게 사용되고 있어요?"

우주의 질문에 화면이 스마트 홈 기술로 전환되자, 알렉스가 이야기를 시작했다.

"저녁이 되면 스마트 홈 시스템은 조명, 온도, 심지어 음악까지도

인공지능은 인간의 지능을 모방하지만, 감정을 느끼거나 상상을 할 수 없다.

사용자의 선호도에 맞게 자동으로 조절해요. 온라인 쇼핑을 할 때는 여러분의 구매 기록을 분석하여 개인에게 맞춤화된 상품을 추천하기도 하죠.”

"정말 대단해요. 우리의 일상 깊숙이 인공지능이 있었다니!"

우주는 잠시 생각에 잠기더니 다시 질문을 던졌다.

"알렉스, 인공지능이 정말로 인간처럼 생각할 수 있는 건가요? 아니면 그저 컴퓨터 프로그램인가요?"

우주의 질문에 알렉스는 화면을 바꾸며 답변했다.

"인공지능은 인간처럼 생각하지 않습니다. 인공지능은 데이터를 분석하고 패턴을 인식하여 결정을 내리는 기계입니다. 감정이나 자아는 없습니다. 인공지능은 인간의 지능을 모방할 수는 있지만, 감정이나 의식을 완전히 재현할 수는 없죠."

"비디오 게임이나 개인 비서 앱에서도 인공지능이 같은 방식으로 작동하나요?"

지수가 호기심 어린 눈빛으로 물었다.

"맞습니다. 게임에서 인공지능은 플레이어의 행동을 분석해서 게임 경험을 개선합니다. 개인 비서 앱은 음성 인식 기능을 통해 여러분의 일정을 관리하고 필요한 정보를 제공합니다."

"인공지능이 사용자의 행동과 상호 작용하며 발전하다니, 정말 흥미로워요."

우주는 놀라움을 감추지 못했다. 알렉스는 인공지능의 미래 가능성에 대해 더 깊이 설명했다.

"인공지능은 단순한 기술 차원을 넘어서 우리의 생활과 미래에 혁신적인 변화를 가져오게 될 거예요. 일상적인 작업에서부터 전 세계적인 문제의 해결에 이르기까지, 인공지능은 우리 삶의 방식을 새롭게 정의하게 될 거예요."

우주는 알렉스의 설명에 다시 한번 놀라움을 느꼈다.

"와, 정말 대단한 일이네요. 인공지능이 어떻게 우리 삶을 변화시킬지 상상만 해도 흥미로워요!"

우주는 더 알고 싶은 듯했다.

"인공지능은 어떻게 만들어지고, 어떻게 학습되나요?"

알렉스는 인공지능의 개발 및 학습 과정을 차근차근 설명했다.

"매우 중요한 질문이에요, 우주. 인공지능을 이해하려면, 먼저 머신러닝이라는 개념부터 알아야 해요. 머신러닝은 컴퓨터가 데이터를 분석하고, 그 데이터를 바탕으로 스스로 학습하여 결정을 내리는 과정을 의미해요. 이 과정이 바로 인공지능의 핵심이죠."

인공지능 모험의 출발

알렉스는 설명을 이어갔다.

"다음 모험에서는 머신러닝이 어떻게 작동하는지 더 자세히 알아볼 예정이에요."

우주는 흥미로운 표정을 지었다.

"정말 멋져요. 오늘 배운 것으로 우리가 어떤 창의적인 작업이나 문제 해결을 할 수 있을지 기대돼요!"

"우리는 앞으로 어떻게 인공지능을 배울 수 있나요?"

지수의 질문에 알렉스는 대답했다.

"대부분의 모험은 이곳 A 허브에서 이루어집니다. 여기가 바로 우리의 학습 공간이자, 창의적인 작업과 문제 해결을 위한 미션을 수행하는 곳이죠. 하지만 우주와 지수가 함께 공부하는 곳이라면 어디든 나타나서 인공지능에 대한 기본 지식을 제공할게요."

"그렇군요, A 허브는 우리의 모험 기지가 되겠네요!"

지수가 계속해서 눈을 반짝이며 말했다.

"여기서 우리는 인공지능과 함께 무한한 가능성을 탐험할 수 있겠어요. 이 공간이 정말 특별한 곳임을 느껴요."

잠시 후, 알렉스는 특별한 지침을 전했다.

"여러분이 미션을 수행하며 제 도움을 받을 때마다 에너지 점수 20이 소모됩니다. 에너지는 창의력, 팀워크, 자신감, 문제 해결력, 그리고 인간과 자연 존중 등 가치를 실천했을 때 얻을 수 있습니다. 이러한 활동을 할 때마다 에너지 점수 10을 얻을 수 있어요."

우주와 지수는 이 지침을 매우 흥미롭게 느꼈다. 알렉스의 도움을 받으려면 가치 있는 행동 능력을 최대한 발휘해야 한다는 것을 깨달았다. 지수는 우주를 바라보며 확신에 찬 목소리로 말했다.

"우리는 창의력과 문제 해결력으로 많은 미션을 해결할 수 있어. 자신감과 팀워크로 우리는 멀리까지 나아갈 수 있을 거야."

A 허브 벽면 화면이 밝아지며 중앙에 여러 방향으로 뻗어 나가는 **화살표**와 함께 자신감을 상징하는 인물 실루엣이 나타났다. 에너지

점수판은 '초기 에너지: 0', '에너지 변화: +10', '남은 에너지: 10'으로 업데이트되어 현재 보유한 총 에너지를 표시했다.

0   10   10

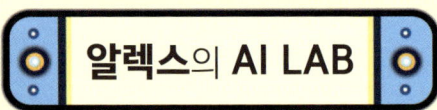

인간과 인공지능 1   감각의 디지털 재현

컴퓨터나 스마트폰이 볼 수 있고, 들을 수 있으며, 심지어 맛을 보고 냄새를 맡을 수도 있다면 어떨까요? 바로 인공지능 기술 덕분에 이런 일이 가능해지고 있습니다. 인공지능은 인간의 다양한 감각을 디지털 방식으로 모방해, 우리가 세계를 인식하는 방식을 넓혀 주고 있어요.

• 인공지능은 어떻게 '보는' 감각을 재현하나요?

인공지능이 '보는' 것은 카메라를 눈처럼 사용해 이미지를 인식하는 것입니다. 예를 들어, 얼굴 인식 기술은 카메라로 촬영한 이미지를 분석해 특정 인물을 알아

볼 수 있어요. 이 기술은 보안 시스템, 스마트폰 잠금 해제, 사진 관리 등에 활용되고 있습니다.

• 인공지능은 어떻게 '듣는' 감각을 재현하나요?

인공지능이 '듣는' 것은 마이크를 귀처럼 사용해 소리를 인식하는 것입니다. 스마트 스피커가 우리의 명령을 듣고 응답하는 것처럼, 인공지능은 음악 속 악기 소리, 사람 목소리의 억양, 그리고 도시의 소음 속에서 특정 소리를 구별해 낼 수 있습니다. 이를 통해 인공지능은 우리가 말하는 것을 이해하고, 우리의 요청에 따라 음악을 틀어 주거나 날씨 정보를 알려 줄 수 있어요.

• 인공지능은 어떻게 '맛보고 냄새를 맡는' 감각을 재현하나요?

아직 초기 단계이지만, '맛보고 냄새를 맡는' 인공지능 연구가 진행되고 있습니다. 예를 들어, 특정 화학 물질을 감지해 음식의 신선도를 판단하거나 공기 중의 불순물을 감지하는 인공지능 센서가 개발되고 있어요. 이러한 기술은 앞으로 식음료 산업과 환경 모니터링에 큰 도움이 될 것입니다.

인간과 인공지능 2 사고 과정의 디지털화

우리가 문제를 해결하거나 결정을 내릴 때, 뇌는 정보를 처리하고 패턴을 인식하며 여러 가능성을 고려합니다. 컴퓨터와 기계도 인간처럼 학습하고 생각할 수 있을까요? 사고 과정을 디지털로 전환하면, 컴퓨터는 데이터를 학습하고 스스로 판단하며 문제를 해결할 수 있습니다.

• 사고 과정을 디지털화하는 기술들은 무엇이 있을까요?

사고 과정을 디지털화하는 기술에는 여러 가지가 있어요.

첫째, 컴퓨터는 대량의 데이터를 분석하여 패턴을 찾아내고, 이를 바탕으로 예측하거나 분류할 수 있습니다. 예를 들어, 날씨 앱은 과거의 기후 데이터를 학습해 내일의 날씨를 예측합니다.

둘째, 복잡한 데이터 속에서 최적의 결정을 내리는 데 도움을 주는 의사 결정 지원 시스템이 있습니다. 이 시스템은 의사들이 환자의 진단을 내릴 때 중요한 역할을 합니다.

셋째, 인공신경망이라는 기술이 있습니다. 인공신경망은 인간의 뇌 구조를 본떠 만들어진 시스템으로, 복잡한 문제를 해결하는 데 사용됩니다. 예를 들어, 사진 속 얼굴을 인식하거나 외국어를 자동 번역하는 작업에 활용됩니다.

마지막으로, 인지 컴퓨팅 기술이 있어요. 인지 컴퓨팅은 컴퓨터가 인간의 인지 과정을 모방하여 더 나은 이해와 의사 결정을 할 수 있도록 도와주는 기술입니다. 특히 의사 결정 과정에서 큰 도움을 줍니다. 예를 들어, 복잡한 의료 데이터를 분석해 환자에게 가장 적합한 치료 방법을 제안하는 데 사용될 수 있습니다.

데이터 입력, 데이터 분석, 의사 결정, 문제 해결까지의 각 단계가 서로 연결되어 지속적인 개선이 이루어진다.

- 사고 과정의 디지털화가 우리에게 미치는 영향은 무엇일까요?

사고 과정의 디지털화는 우리의 생활을 획기적으로 바꾸고 있습니다. 이 기술 덕분에 문제 해결과 의사 결정이 훨씬 빠르고 효율적으로 이루어지고 있어요. 또한 의료, 교육, 엔터테인먼트 등 다양한 분야에서 우리의 삶은 더욱 안전하고, 편리하며, 재미있어질 것입니다. 사고 과정의 디지털화는 스마트한 미래를 만드는 중요한 열쇠입니다!

인간과 인공지능 3 감정과 인지의 통합

인간의 감정과 생각은 매우 복잡해요. 그럼에도 불구하고, 컴퓨터와 기계가 감정과 인지 과정을 이해하는 단계로 나아가고 있습니다. 인공지능 기술은 단순한 정보 처리를 넘어서, 우리의 감정을 인지하고 이에 반응할 수 있도록 발전하고 있어요. 이를 통해 우리의 기분이나 생각을 파악하고, 더 나은 도움을 줄 수 있습니다.

- 감정과 인지를 통합하는 인공지능 기술들은 어떤 것들이 있을까요?

감정 인식 기술은 감정과 인지를 통합하는 인공지능 기술입니다.

이 기술은 사람의 얼굴 표정, 목소리 톤, 글 등을 분석해 감정 상태를 알아낼 수 있어요. 예를 들어, 의료 분야에서는 의사들이 환자의 감정 상태를 이해해 치료에 반영할 수 있습니다. 또한, 교육 현장에서는 학습 효과를 높이기 위해 학생의 감정을 파악해 학습 내용을 조정할 수 있습니다.

- 감정과 인지의 통합이 우리 삶에 미치는 영향은 무엇일까요?

인공지능이 감정 인식과 인지 능력을 결합함으로써 인간과 기계 사이의 관계도 더욱 친밀해지고 있습니다. 기계가 단순히 명령을 수행하는 도구를 넘어, 우리의 감정과 생각을 이해하고 반응할 수 있는 동반자로 발전하고 있는 것이죠. 이러한 변화는 우리가 기계를 대하는 방식에도 큰 영향을 미칠 것이며, 인공지능은 우리의 일상 속에서 점점 더 중요한 역할을 하게 될 것입니다.

2장

머신러닝

↳ 머신러닝을 사용한 게임 전략 수립

A 허브는 최신 머신러닝 기술이 구현된 혁신적인 공간으로, 머신러닝 알고리즘의 작동 원리와 다양한 데이터 세트의 시각적 표현이 벽면에 흘렀다. 공간 중앙에는 커다란 인터랙티브 스크린이 설치되어 있어, 사용자가 직접 모델을 구축하고 성능을 실험할 수 있었다. 공중에는 홀로그래픽 디스플레이가 떠다니면서 머신러닝 모델의 학습 과정과 예측 결과를 실시간으로 보여 주고 있었다.

고요한 A 허브에 긴장감이 감돌았다. 우주는 게임을 하며 어려움을 돌파하기 위해 빠르게 키보드를 두드렸다. 적들의 공격을 피하려 애썼으나, 우주의 캐릭터는 계속해서 공격을 받아 게임에서 패배했다. 우주는 한숨을 쉬며 잠시 게임에서 손을 뗐다가 다시 키보드로 손을 옮겼다. 그는 실망했지만 여전히 집중력을 유지했다.

그 순간, 컴퓨터 화면이 밝아지며 알렉스가 나타났다. 알렉스는 우주에게 친절하게 말을 건넸다.

"도움이 필요하나요?"

알렉스는 머신러닝을 통한 게임 전략 개선에 대해 설명하기 시작했다.

"인공지능을 활용하면 게임에서의 전략을 개선할 수 있어요. 예를 들어, 인공지능은 수백만 번의 체스 게임을 분석하여 상대방의 움직임에 효과적으로 대응하는 방법을 찾아냈습니다."

우주의 눈이 빛났다.

"정말요? 인공지능이 상대의 패턴을 분석해서 우리가 승리할 수 있는 전략을 만들 수 있다는 거예요?"

알렉스는 우주의 질문에 자신 있게 대답했다.

"실제로 머신러닝 기술은 온라인 멀티플레이어 게임에도 활용되고 있어요. 게임 데이터를 분석하여 플레이어에게 더 나은 전략을 제시해 줍니다."

지수는 이 설명에 흥분하여 목소리의 톤을 높였다.

"그러니까, 머신러닝의 기본 원리를 활용하여 게임 데이터를 분석하고 패턴을 찾아낸다는 거네요!"

우주와 지수는 깜짝 놀라며 서로를 바라보았다.

"인공지능이 상대방의 전략을 분석하여 승리 전략을 찾아낼 수 있다는 건가요?"

우주가 더 자세한 설명을 원했다. 알렉스는 명확하고 간결하게 답했다.

"맞습니다. 머신러닝은 게임 데이터를 분석하여 우리에게 효과적인 전략을 제시합니다."

지수가 이어서 말했다.

"머신러닝이 게임 데이터 분석과 패턴 인식을 통해 게임에서 중요한 역할을 한다는 거군요!"

우주와 지수는 서로를 바라보며 미소를 주고받았다.

게임 데이터 분석과 머신러닝 모델 개발

알렉스가 화면에 다양한 게임 전략과 관련된 그래프와 차트를 보여 주자, 우주는 화면을 가리키며 질문했다.

"이 그래프는 무엇을 나타내는 건가요?"

알렉스는 친절하게 설명했다.

"이 그래프는 게임 내에서 자주 발생하는 패턴과 그 패턴에 가장 효과적으로 대응하는 전략을 보여 줍니다. 예를 들어, 적의 공격 방식이나 움직임 패턴이 여기에 나타나 있어요."

"아하, 그러니까 이런 패턴을 이해하고 활용하면 게임에서 더 잘 대응할 수 있겠네요!"

"맞아요."

지수를 바라보며 알렉스가 설명을 이어갔다.

"머신러닝 알고리즘은 게임 내 패턴을 인식하고, 그 정보를 바탕으로 효과적인 전략을 수립할 수 있어요. 이를 통해 게임 상황에서 더 빠르고 정확하게 대응할 수 있게 됩니다."

우주는 제시된 그래프를 주의 깊게 살펴보며 고개를 끄덕였다.

"와, 이런 정보를 활용하면 우리도 게임에서 더 좋은 전략을 세울 수 있겠네요!"

"그럼 우리 '스페이스 배틀' 게임에서 머신러닝을 활용해 볼까?"

지수가 흥미로운 제안을 했다.

"상대방의 공격 방식과 자원 사용을 분석해 승리하는 방법을 찾아낼 수 있을 거야."

갑자기 A 허브 벽면 화면이 밝아

게임 전략과 패턴은 차트, 그래프, 통계 데이터 등으로 표현된다. 플레이어, 적, 액션 등이 연결되어 있다.

지며 중앙에서 다채로운 색상들이 다양한 방향으로 뻗어 나가며 창의력의 폭발을 보여 주었다. 중앙의 빛나는 밝은 빛은 독창적인 아이디어의 탄생을 표현했다.

에너지 점수판은 '초기 에너지: 10', '에너지 변화: +10', '남은 에너지: 20'으로 업데이트되며 현재 보유한 총 에너지를 보여 주었다.

우주는 놀라움을 감추지 못했다.

"정말 그렇게 할 수 있을까요?"

알렉스는 화면에 데이터와 분석 차트를 띄우며 설명을 시작했다.

"머신러닝은 데이터 속 숨겨진 패턴을 찾아내는 데 매우 유용해요. 예를 들어, 상대방의 '이중 공격 전략'을 파악하고, 그에 대응하는 방어 전략을 세울 수 있죠."

우주는 화면에 집중하며 눈을 크게 떴다.

"그렇다면 상대가 이중 공격을 할 때, 우리는 효과적인 방어와 반격을 준비할 수 있겠네요!"

지수가 질문을 덧붙였다.

"우리는 적의 행동을 예측하고, 그에 따른 최적의 대응 전략을 수립하면 되나요?"

알렉스가 설명을 계속했다.

"맞아요. 그래서 우리는 머신러닝을 사용해 데이터를 분석하고, 그에 맞는 전략을 학습할 수 있도록 할 거예요. 각각의 학습 방법이 전략 수립에 어떤 역할을 하는지 살펴보겠습니다."

알렉스는 이어서 인공지능 학습 방법에 대해 더 깊이 있게 설명해 나갔다.

"지도 학습은 과거의 데이터를 분석해 승리와 패배를 예측하는 데 사용되죠. 반면에, 비지도 학습은 숨겨진 패턴을 찾아내는 데 초점을 맞추고, 강화 학습은 실시간으로 전략을 조정하며 최적의 해결책을 찾아갑니다."

알렉스는 우주와 지수의 이해를 돕기 위해 인공지능 학습 방법에 대한 예시를 들었다.

"간단히 말해, 지도 학습은 과거의 전투에서 승리한 전략을 학습하는 것과 비슷해요. 이미 알고 있는 정보를 바탕으로 '이런 상황에서는 이렇게 행동하면 승리할 수 있어.'라고 예측하는 거죠."

지수가 조심스럽게 물었다.

"그럼 비지도 학습은 어떻게 적용되나요?"

알렉스는 비유를 통해 설명을 이어갔다.

"비지도 학습은 마치 퍼즐 조각들을 맞추는 것과 같아요. 컴퓨터는 주어진 데이터 속에서 스스로 퍼즐 조각들을 분석하고, 어떻게 맞춰야 할지 찾아냅니다. 결과를 미리 알려 주지 않아도, 컴퓨터는 데이터 안의 숨겨진 그림을 완성하게 되죠."

"그럼 강화 학습은 실제로 어떻게 쓰이는 거죠?"

우주의 질문에 알렉스는 강화 학습의 실제 적용 사례를 설명하기 시작했다.

"강화 학습은 비디오 게임을 플레이하면서 더 높은 점수를 얻기 위해 새로운 방법을 찾아내는 과정과 비슷해요. 컴퓨터는 시도할 때마다 얻는 결과를 바탕으로 '이 전략이 더 많은 점수를 가져다줄 것이다.'라고 추론하게 됩니다. 그러면서 점차 더 효율적인 전략을 찾아가게 됩니다."

알렉스가 덧붙였다.

"인공지능은 다양한 학습 방법을 통해 우리가 예상치 못한 해결책을 찾아낼 수 있게 돕는 거예요."

 알렉스는 지수와 우주에게 머신러닝의 기본 개념과 학습 방법을 가르쳤다. 데이터를 분석하고 그 속에서 패턴을 찾아내는 과정이 어떻게 이루어지는지 설명했다. 또한, 인공지능이 문제 해결에 어떻게 기여할 수 있는지 구체적인 예시를 들어 주었다. 알렉스의 설명을 통해 지수와 우주는 머신러닝의 원리를 이해하고, 이를 자신들의 프로젝트에 적용할 아이디어를 얻었다.

머신러닝을 이용한 게임 전략 개선

 저녁이 깊어 가며, 지수는 컴퓨터 화면 앞에 앉아 '스타 챌린저' 게임의 데이터 분석에 몰두했다. 그녀는 자신감 넘치는 목소리로 말했다.

 "우리가 이 게임 데이터를 꼼꼼히 분석하면, 승리를 위한 머신러닝 모델을 개발할 수 있을 거야. 우주, 너의 최근 게임 플레이를 분석해 보자. 머신러닝이 제안하는 전략으로 플레이를 개선하자."

A 허브 벽면 화면이 밝아지며 중앙에서 여러 방향으로 뻗어 나가는 화살표와 함께 자신감을 상징하는 인물 실루엣이 나타났다.

에너지 점수판은 '초기 에너지: 20', '에너지 변화: +10', '남은 에너지: 30'으로 업데이트되어 현재 보유한 총 에너지를 보여 주었다.

우주의 얼굴에는 기대감이 가득 찼고, 눈빛은 반짝였다.

20   10   30

"정말이야? 마치 전문 게임 코치를 만난 것 같아!"

그는 흥분된 목소리로 말했다.

화면에는 다양한 게임 장면들이 연속적으로 표시되었고, 지수와 우주는 데이터를 수집하고 분석하는 데 집중했다.

"봐, 상대가 자주 사용하는 공격 패턴이 여기에 있어."

지수가 지적하며 우주에게 보여 주었다. 우주는 화면을 주의 깊게 관찰하며 고개를 끄덕였다.

"알겠어, 내가 같은 실수를 반복하고 있었네."

처음에 우주와 지수는 지도 학습을 이용해 게임 실력을 향상시키기 위해 노력했다. 이 기술은 우주의 게임 플레이를 분석하고, 실수에서 배워 더 나은 전략을 제시했다. 이후, 인공지능은 특정 행동에 대한 보상을 기반으로 학습하는 강화 학습 방식에 집중했다. 우주의 게임 플레이를 관찰하고 분석하면서 가장 효과적인 전략을 찾아내는 과정을 반복했다. 이를 통해 우주는 자신의 약점을 보완하고, 더욱 효율적인 게임 플레이 방법을 익혀 나갈 수 있었다.

우주는 강화 학습을 통해 개선된 전략으로 게임을 다시 시작했다. 키보드 위에서 그의 손가락은 민첩하게 움직였고, 화면 속 우주선은 적의 공격을 능숙하게 회피했다. 그러나 예상치 못한 적의 공격에 우주선이 파괴되자, 우주는 당황하며 화면을 바라보았다.

"이상해, 모델이 예측한 대로 행동했는데도…."

지수는 화면을 응시하며 고민스럽게 말했다.

"뭔가 잘못된 것 같아. 데이터를 다시 살펴봐야겠어."

그들은 강화 학습 모델에 의존했던 전략을 다시 검토하기로 했다. 지수가 주의 깊게 화면을 살피며 말했다.

"모델에서 놓친 부분을 찾아보자."

우주와 지수는 데이터 분석에 몰두했지만, 시간이 지나도 해결책을 찾지 못했다. 결국, 그들은 알렉스에게 도움을 요청하기로 결정했다.

"알렉스, 우리 좀 도와줘요. 모델이 완벽하게 작동하지 않는 것 같아요. 무언가 놓치고 있는 부분이 있는데, 우리 둘만의 힘으로는 찾기가 어려워요."

알렉스가 설명을 시작하자 에너지 점수판이 업데이트되었다. '초기 에너지: 30', '에너지 변화: -20', '남은 에너지: 10'으로 현재 보유한 총 에너지를 보여 주었다.

"강화 학습은 실시간으로 전략을 개선하는 데 효과적이지만, 새로운 상황에서 학습하는 데는 시간이 걸릴 수 있어요. 그리고 보상 구조가 잘못 설정되면 예상치 못한 결과가 나올 수도 있죠. 우리 모델이 새로운 상황에 적응하는 데 어려움을 겪고 있는 것 같아요."

알렉스는 친절하게 조언했다.

"우리 게임 기술을 더 발전시켜야 해요. 다양한 상황에서도 잘 작동하고, 게임 중에 실시간으로 학습할 수 있는 시스템을 만들어야 해요."

알렉스의 도움으로 우주와 지수는 게임 기술을 향상시키기 위해 노력했다. 그들은 게임이 다양한 상황을 더 잘 이해하고, 실시간으로 정보를 활용할 수 있도록 기술을 업데이트했다. 구체적으로, 그들은 게임 내 인공지능이 새로운 상황에 직면할 때마다 빠르게 적응할 수 있도록 강화 학습 알고리즘을 개선했다. 이런 변화 덕분에 상대방의 전략 변화에 빠르게 대응할 수 있었고, 우주의 게임 실력도 크게 향상되었다.

새벽이 밝아 오면서 우주는 다시 게임에 집중했다. 그의 우주선은 적의 공격을 능숙하게 회피하고, 기회가 올 때마다 반격을 가했다. 우주의 손가락은 키보드 위에서 민첩하게 움직였다. 우주선은 적의 레이저 공격을 재빠르게 피하고 반격했다. 적 함대가 나타났을 때, 우주의 우주선은 위험에 처하기도 했지만, 강화된 머신러닝 모델이 적의 공격 패턴을 신속히 분석했다. 우주는 모델이 제안한 경로를 따라 우주선을 조종하며 적의 공격을 성공적으로 피했다. 이후 모델은 적의 약점을 찾아내고, 우주는 이 정보를 활용해 적 함선을 격파하는 데 성공했다.

화면에 승리의 메시지가 나타나자 우주는 환호했다.

"성공했어요! 알렉스의 도움이 정말 큰 역할을 했어요!"

알렉스는 웃으며 응답했다.

"우주가 배운 것을 잘 활용했어요. 머신러닝은 단지 도구일 뿐입니다. 실제 승리는 우주와 지수의 판단과 협력 덕분이에요."

A 허브 벽면 화면이 밝아지며 중앙에 다양한 크기와 모양의 톱니바퀴들이 서로 맞물려 돌아가는 이미지가 나타났다. 이 톱니바퀴들은 서로 긴밀하게 연결되어 있으며, 각기 다른 역할을 수행하면서도 조화롭게 움직이는 팀워크를 상징했다.

에너지 점수판은 '초기 에너지: 10', '에너지 변화: +10', '남은 에너지: 20'으로 업데이트되어 현재 보유한 총 에너지를 보여 주었다.

10　　10　　20

일상에서 만나는 머신러닝

지수는 게임을 넘어서 실생활에서의 머신러닝 활용 가능성에 대해 진지하게 생각하고 있었다.

"이번 경험을 통해 실제 머신러닝을 실제 문제 해결에 어떻게 적용하는지 알게 되었어요. 다른 분야에서도 이 기술을 활용해 볼 수 있을 것 같아요."

알렉스는 지수의 생각에 공감하며 설명을 덧붙였다.

"네, 지수. 머신러닝은 게임에만 국한되지 않아요. 실제로 우리 일상에 많은 영향을 미치며, 다양한 문제 해결에 도움을 줄 수 있어요. 예를 들어, 금융 분야에서 머신러닝은 신용 점수 평가, 사기 탐지, 주식 시장 분석 등에서 활용되고 있어요. 고객의 거래 데이터를 분석해

인공지능은 차트, 그래프, 외환 등을 분석한다. 사기 탐지, 투자 포트폴리오 최적화, 마켓 트렌드 예측 등을 해 낸다.

신용 위험을 예측하거나, 비정상적인 거래 패턴을 찾아내어 사기를 방지하는 데 큰 도움을 줍니다."

우주는 이 새로운 정보에 흥분하며 질문했다.

"정말요? 그러면 실제 금융 현장에서도 머신러닝 기술을 사용하고 있는 건가요?"

알렉스는 친절하게 대답했다.

"그렇습니다, 우주. 많은 금융 기관들이 머신러닝을 활용해 중요한 업무를 수행하고 있어요. 이 기술은 금융 의사 결정의 효율성과 정확도를 높이는 데 큰 도움을 줍니다."

지수는 알렉스의 설명에 고개를 끄덕였다.

"데이터 분석이 금융 분야에서 의사 결정을 내리는 데 얼마나 중요한 역할을 하는지 이해했어요. 이 기술이 널리 사용되면 다양한 분야에서 효율성과 정확도를 높일 수 있겠네요."

지수는 추가로 일상생활에서의 머신러닝 활용 가능성에 대해 궁금해했다.

"우리가 게임 전략 수립에서 배운 패턴 인식과 데이터 분석 기술을 일상생활에서 어떻게 활용할 수 있을까요?"

알렉스는 친절하게 답했다.

"실제로 우리의 일상에서도 데이터 기반 접근 방식을 적용할 수 있어요. 예를 들어, 에너지 사용 패턴을 분석해 전기를 절약하거나, 데이터 분석을 통해 시간을 더 효율적으로 사용할 수 있어요."

지수는 이러한 아이디어가 매우 흥미로웠다.

"아하, 일상의 다양한 문제에 머신러닝을 적용한다면, 우리의 생활을 더욱 효율적이고 편리하게 만들 수 있겠죠!"

알렉스는 우주와 지수에게 딥러닝에 대해 소개하기 시작했다.

"여러분이 머신러닝을 통해 배운 경험을 바탕으로, 이제 딥러닝을 탐구할 시간입니다. 딥러닝은 인공지능 분야에서 더 깊은 이해로 나아가는 단계예요. 앞으로 더 복잡한 데이터 구조와 고급 알고리즘을 다루게 될 것입니다."

우주와 지수는 알렉스의 설명에 집중하며 화면에 시선을 고정했다. 우주가 더 알고 싶다는 듯이 물었다.

"알렉스, 딥러닝이 정확히 무엇인가요? 그리고 일반 머신러닝과는 어떤 차이가 있나요?"

알렉스는 침착하게 답변했다.

"딥러닝은 머신러닝의 한 분야로, 복잡한 데이터를 처리하고 정교한 패턴을 학습하는 데 특화되어 있습니다."

우주와 지수는 A 허브를 나서며 이날의 경험에 대해 이야기를 나누었다.

"게임에서 출발해 딥러닝에 이르다니, 정말 상상도 못 했어!"

지수는 우주를 향해 따뜻한 미소를 지으며 말했다.

"그래, 우주. 딥러닝이 우리 앞에 새로운 도전과 기회를 가져다줄 거라고 생각하니 정말 흥미로워!"

인간의 학습

• 인간은 어떻게 배우고 익숙해질까요?

　인간은 경험을 통해 배우고, 반복을 통해 지식을 강화합니다. 학교에서 배운 내용을 복습하거나, 운동을 연습하는 과정에서 우리는 점점 더 익숙해져요. 또한, 인간의 학습은 감정과 동기에 큰 영향을 받습니다. 흥미를 느끼는 주제나 성취감을 느끼는 활동은 더 쉽게 배우고, 더 오래 기억합니다.

• 사회적 상호 작용과 비판적 사고는 인간의 학습에 어떻게 영향을 미치나요?

　인간은 다른 사람과의 상호 작용을 통해 많은 것을 배웁니다. 토론, 협업, 피드백 등을 통해 우리는 새로운 관점을 얻고 지식을 확장합니다. 또한, 인간은 정보를 단순히 받아들이는 것뿐만 아니라, 비판적으로 분석하고 평가하는 능력을 가지고 있어요. 이를 통해 우리는 더 깊이 이해할 수 있습니다.

기계의 학습

• **기계는 어떻게 학습하고 성능을 개선할까요?**

　기계는 대량의 데이터를 분석해 그 속에서 패턴을 찾아 학습합니다. 예를 들어, 머신 러닝 알고리즘은 데이터를 학습하여 특정 작업을 수행하는 방법을 배웁니다. 또한, 기계는 반복적인 학습 과정을 통해 성능을 개선하고, 보상에 의한 동기 부여로 최적의 행동 방식을 학습하기도 하죠.

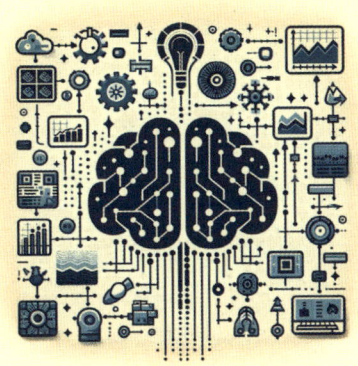

그래프와 차트는 데이터 분석을, 톱니바퀴는 알고리즘과 프로세스를, 컴퓨터와 클라우드 아이콘은 디지털 및 클라우드 컴퓨팅 기술을 의미한다.

• 기계는 어떻게 학습을 빠르고 효율적으로 할 수 있을까요?

　기계는 인간에 비해 엄청난 속도로 데이터를 처리하고 분석할 수 있습니다. 빠른 데이터 처리 속도 덕분에 매우 짧은 시간 안에 많은 것을 학습할 수 있어요. 또한, 기계의 학습 과정이 자동화되어, 인간이 처리할 수 없는 복잡하고 방대한 양의 데이터 학습을 효율적으로 할 수 있습니다.

인간의 지식과 기계 학습의 결합

• 인간의 지식과 기계 학습의 결합이 주로 어떤 분야에서 활용되나요?

　인간의 지식과 기계 학습의 결합은 주로 의료, 교육, 엔터테인먼트 분야에서 활용됩니다. 예를 들어, 의사들은 기계가 분석한 의료 데이터를 바탕으로 더 정확한 진단을 내릴 수 있어요. 교사들은 인공지능이 제공하는 맞춤형 학습 계획을 통해 학생들에게 더 효과적인 교육을 제공할 수 있어요. 또한, 엔터테인먼트 분야에서는 기계가 사용자의 취향을 분석해 그에 맞는 콘텐츠를 추천해 주기도 합니다.

• 인간의 지식과 기계 학습의 결합이 어떻게 더 나은 결과를 만들어 내나요?

　인간의 지식과 기계 학습이 결합되면, 각각의 장점이 상호 작용하여 더 나은 결과를 만들어 낼 수 있어요. 인간은 감성과 창의력을 활용해 문제를 해결하고, 기계는 빠르고 정확한 데이터 처리로 이를 보완합니다. 이 두 가지가 합쳐지면, 우리는 더 많은 문제를 해결하고, 더 나은 결정을 내릴 수 있게 됩니다.

인공지능의 세 가지 학습 방법

　인공지능의 학습 방법을 우리의 학습에 비유해 설명할 수 있어요. 지도 학습은 선생님이 학습 내용을 가르쳐 주는 수업과 같고, 비지도 학습은 스스로 도서관에서 책을 찾아 공부하는 것과 같아요. 강화 학습은 시행착오를 겪으며 배우는 것과 비슷합니다. 인공지능은 이러한 방법으로 세상을 학습합니다.

• 지도 학습이란 무엇인가요?

　마치 선생님이 '이것은 사과야.'라고 알려 주는 것처럼, 사진에 '고양이'나 '개' 등의 레이블을 붙여 인공지능에게 알려 줍니다. 예를 들어, '이것이 고양이야!'라고 많은 고양이 사진을 학습시키면, 인공지능은 다른 고양이 사진을 보면서 '아, 이것도 고양이구나!'라고 인식할 수 있게 됩니다.

• 비지도 학습이란 무엇인가요?

　마치 탐험가가 지도 없이 새로운 길을 찾아가는 것처럼, 인공지능은 레이블 없는 데이터 속에서 스스로 패턴을 찾고 분류합니다. 예를 들어, 고객 구매 데이터를 분석해 패턴을 발견하죠. '아, 이 사람들은 커피를 좋아하나 봐!' 하고 분류를 하는 식입니다.

• 강화 학습이란 무엇인가요?

　마치 시행착오를 겪으며 퍼즐을 점점 더 빠르고 정확하게 맞추는 방법을 익히는 것과 같아요. 인공지능이 성공할 때마다 보상을 받으면 더 나은 방법을 찾아냅니다. 예를 들어, 체스 게임에서 승리할 때마다 보상을 받으면, 인공지능은 점점 더 나은 전략을 학습합니다.

 이 세 가지 학습 방법을 통해 인공지능은 점점 더 똑똑해지고, 인간과 더욱 효율적으로 상호 작용할 수 있습니다. 이를 통해 인공지능은 세상을 더 잘 이해하고, 우리가 직면한 문제들을 해결하는 데 직접적인 도움을 줄 수 있어요. 앞으로도 인공지능은 이러한 학습 방법을 통해 더욱 발전하며, 우리의 일상생활과 다양한 분야에서 중요한 역할을 하게 될 것입니다.

3장

딥러닝

복잡한 데이터를 이해하는 신경망의 힘

A 허브는 최첨단 기술이 구현된 혁신적인 공간으로, 벽면에는 복잡한 신경망 그래프와 알고리즘의 시각적 표현이 끊임없이 변화하며 흐르고 있었다. 공중에는 홀로그래픽 디스플레이가 떠다니며, 딥러닝 모델의 구조와 작동 방식을 실시간으로 보여 주고 있었다.

지수는 '내일을 위한 그린 포럼'이라는 환경 보호 단체의 멤버였다. 평소에 지구 온난화와 같은 중요한 환경 문제를 해결하려고 노력하고 있었다. 태블릿에는 지구의 미래를 예측하는 차트와 그래프가 표시되어 있었다. 지수와 친구들은 지역 사회에서 환경의 중요성을 널리 알리고, 지구를 보호하기 위한 방법을 찾으려고 했다. 그들은 기후 변화 데이터를 분석하며 기후 예측에 집중하고 있었다.

지수는 이렇게 방대한 데이터를 어떻게 효율적으로 분석할지 고민하고 있었다. 그때 우주가 아이디어를 냈다.

"우리 인공지능 기술을 사용해 보는 건 어때? 머신러닝으로 이 복잡한 데이터를 더 쉽게 분석할 수 있을 거야."

A 허브 벽면 화면이 밝아지며 중앙에 서로 맞물려 있는 퍼즐 조각들이 나타났다. 이 퍼즐 조각들은 서로 맞춰지며 완성된 그림을 이루는 듯한 모습으로, 문제를 해결하는 과정을 상징했다.

에너지 점수판은 '초기 에너지: 20', '에너지 변화: +10', '남은 에너지: 30'으로 업데이트되어 현재 보유한 총 에너지를 보여 주었다.

지수는 우주의 생각에 흥미를 느끼고 컴퓨터에 다가가 데이터를 업로드하기 시작했다. 기온, 강수량, 해수면의 높이, 풍속 등 여러 가지 중요한 데이터를 컴퓨터에 입력했다.

지수는 알렉스에게 방대한 데이터를 어떻게 분석할지 물었다.

"알렉스, 이렇게 많은 데이터를 어떻게 처리해야 할까요?"

알렉스가 친절하게 말했다.

"랜덤 포레스트를 사용해 보는 건 어때요?"

지수가 궁금한 듯이 질문했다.

"랜덤 포레스트가 뭐예요?"

알렉스가 설명하기 시작했다.

"랜덤 포레스트는 많은 나무로 이루어진 숲과 같아요. 각각의 나무가 데이터의 일부분을 분석하고, 이 나무들이 모여 전체적인 그림을 그려 내요."

우주도 대화에 끼어들었다.

"그럼 우리가 가진 기후 데이터를 어떻게 적용할 수 있을까요? 좀 더 자세히 설명해 주세요."

알렉스가 계속 설명했다.

"좀 더 쉽게 설명해 볼게요. 기온, 강수량, 해수면 높이, 풍속 등 다양한 기후 데이터를 생각해 보세요. 랜덤 포레스트는 이 모든 데이터를 분석하는 여러 개의 나무로 구성되어 있어요. 각각의 나무가 데이터의 부분 집합을 분석하고, 이 나무들의 예측을 종합하면 전체적인 기후 패턴을 이해하게 되죠."

우주는 랜덤 포레스트 모델에 관심이 갔다.

"그럼, 각각의 나무가 다른 정보를 분석하는 건가요? 예를 들어, 한 나무는 기온 변화를 보고, 또 다른 나무는 강수량을 살펴보는 건가요?"

알렉스가 고개를 끄덕이며 대답했다.

"맞아요, 우주. 각각의 나무가 데이터의 일부를 랜덤하게 선택해 분석해요. 예를 들어, 한 나무는 기온과 강수량의 상관관계를 분석

기온, 강수량, 바람, 해수면 높이와 같은 개별 요소들을 분석하여 전체적인 기후 패턴을 예측한다.

하고, 또 다른 나무는 바람의 방향과 속도를 살펴볼 수 있죠. 랜덤 포레스트는 이렇게 각 나무가 분석한 결과를 종합해 최종 예측을 도출해요."

지수는 알렉스의 설명을 듣고, 각 나무가 서로 다른 정보를 분석한다는 점을 이해했다. 결국 분석한 데이터가 하나로 합쳐져, 전체적인 기후 패턴을 예측할 수 있다는 것을 깨달았다.

지수는 랜덤 포레스트 모델을 사용해 기후 데이터를 분석하기 시작했다. 알렉스와 대화를 통해 복잡해 보이던 기후 데이터를 이해할 수 있었다. 그런데 갑자기 컴퓨터 화면에 경고 메시지가 나타났다.

'데이터 과부하! 처리할 수 있는 데이터 용량을 초과했습니다. 복잡한 날씨 패턴을 파악할 수 없습니다. 더 효율적인 방법이 필요합니다.'라고 적혀 있었다. 지수는 이 메시지를 보고 잠시 당황했다.

우주가 옆에서 걱정스러운 목소리로 말했다.

"어떡하지? 우리가 가진 기후 데이터가 너무 복잡해서 이 모델로는 분석이 어렵겠어. 뭔가 다른 방법을 생각해 봐야 할 것 같아."

지수와 우주는 데이터를 분석할 수 있는 다른 방법이나 모델을 찾아보기로 했다.

"어떻게 하면 데이터를 제대로 분석할 수 있을까?"

그때, 알렉스가 반짝이며 나타났다.

"딥러닝을 사용해 보는 건 어때요?"

지수가 의아한 표정으로 질문했다.

"딥러닝이라고요?"

알렉스가 친절하게 설명했다.

"딥러닝은 컴퓨터가 다층 신경망을 통해 방대한 데이터를 학습하고 패턴을 인식하도록 도와주는 방법이에요. 특히 복잡한 기후 데이터 같은 것을 분석하고 이해하는 데 매우 효과적이죠."

우주는 확신하듯 말했다.

"딥러닝을 사용하면 우리 데이터를 더 잘 분석할 수 있겠네요!"

인공신경망 레이어와 노드

지수와 우주는 컴퓨터 화면에 나타난 신경망 그림을 유심히 살펴보고 있었다. 지수가 호기심 가득한 목소리로 물었다.

"이 신경망은 어떻게 작동하나요?"

알렉스가 먼저 노드를 정의하며 설명을 시작했다.

"신경망은 여러 층으로 이루어져 있어요. 각 층에는 '노드'라고 불리는 작은 단위들이 있죠. 노드는 일종의 작은 계산 장치로, 입력된 데이터를 받아 특정한 계산을 수행한 후, 그 결과를 다음 층으로 전달해요. 이 과정에서 데이터를 분석하고 변형하면서 점점 더 복잡한 패턴을 인식하게 됩니다. 마치 우리의 뇌가 신경 세포를 통해 정보를 전달하는 것과 비슷하죠."

우주가 조심스레 물었다.

"노드가 데이터를 분석하면 뭐가 달라지나요?"

알렉스가 친절하게 설명했다.

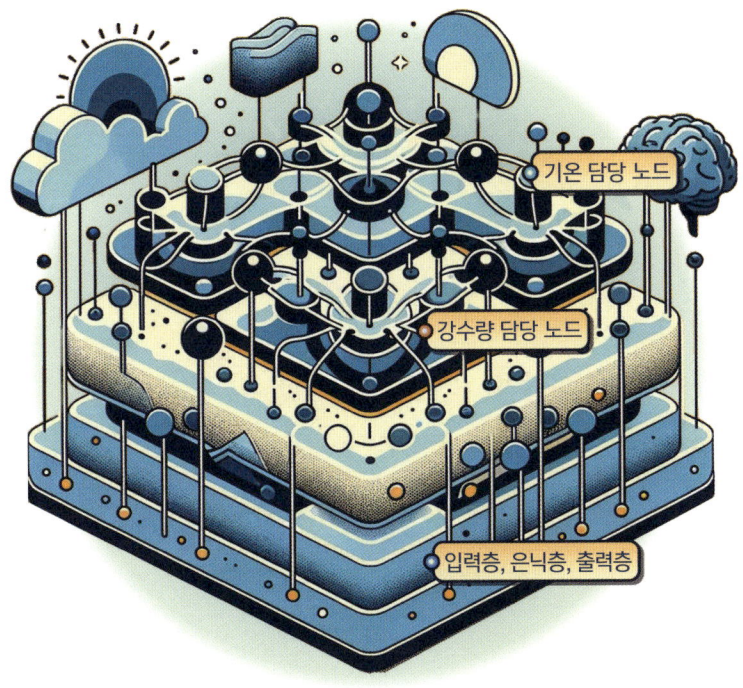

각 층은 여러 노드로 이루어져 있으며, 노드들은 상호 연결되어 복잡한 상호 작용을 한다.

"각 노드는 데이터의 특정 부분을 분석해요. 그리고 그 결과에 따라 숫자를 할당하죠. 이 숫자들은 신경망이 학습을 거듭하면서 조금씩 조정돼요. 이런 과정을 통해 신경망은 점점 더 정확한 예측을 할 수 있게 되는 거예요."

지수는 이 신경망이 기후 데이터를 어떻게 다루는지 궁금했다.

"그렇다면 기후 데이터는 이 신경망에서 어떻게 처리되나요?"

알렉스가 지수의 질문에 답했다.

"예를 들어, 한 노드는 기온 데이터를 분석하고, 또 다른 노드는 강수량을 분석해요. 기온을 분석하는 노드는 날씨가 더울 때의 패턴을 학습하고, 강수량을 분석하는 노드는 비가 많이 올 때의 패턴을 학습해요. 모든 노드가 각각의 역할을 수행하면서, 최종적으로 전체적인 기후 패턴을 이해할 수 있게 도와주는 거죠."

우주는 궁금증이 더 커졌다.

"그럼 신경망의 서로 다른 층들은 어떤 기능을 하나요?"

알렉스는 계속해서 설명했다.

"신경망에는 여러 층이 있는데, 첫 번째 층은 데이터를 받아들이고, 다음 층에서는 이 데이터를 더 깊이 분석해 숨은 패턴을 찾아내요. 마지막 층에서는 모든 정보를 종합해 우리가 한 질문에 대한 답을 제공해요."

지수는 알렉스의 설명을 듣고, 신경망이 데이터를 어떻게 처리하는지 이해하게 되었다.

"아하, 신경망은 데이터를 여러 단계로 나눠서 분석하고, 마지막에 모든 걸 통합해서 질문에 답을 주는 거군요."

A 허브 벽면 화면이 밝아지며 중앙에 서로 맞물린 퍼즐 조각들이 나타났다. 이 퍼즐 조각들은 서로 맞춰지며 완성된 그림을 이루는 듯한 모습으로, 문제를 해결하는 과정을 상징했다.

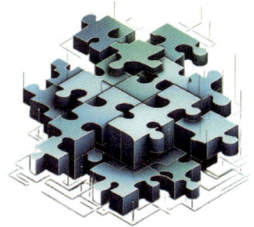

에너지 점수판은 '초기 에너지: 30', '에너지 변화: +10', '남은 에너지: 40'으로 업데이트되어 현재 보유한 총 에너지를 보여 주었다.

알렉스는 신경망이 어떻게 작동하는지 쉽게 설명했다.

30 10 40

"맞아요. 신경망은 여러 층과 노드를 통해 복잡한 데이터를 이해해요."

알렉스의 설명은 이해하기 쉽고 명확했다.

알렉스는 딥러닝에 대해 더 자세하게 이야기했다. 딥러닝은 복잡한 정보를 여러 단계로 나누어 처리한 후, 최종적으로 모든 정보를 합쳐 우리가 원하는 답을 찾아내는 과정이라고 말했다. 또한, 컴퓨터가 사진을 인식하고 언어를 이해하는 것도 딥러닝 덕분이라는 점을 강조했다. 알렉스의 도움으로 지수와 우주는 딥러닝의 세계에 한 발짝 더 다가갈 수 있었다.

프로젝트에 딥러닝 적용

지수와 우주는 딥러닝이 기후 데이터 분석에 중요한 역할을 할 수 있다는 것을 깨달았다. 그들은 자신들의 프로젝트에 딥러닝을 적용하기로 결정했다. 이제 그들 앞에는 딥러닝 모델을 활용해 직접 데이터를 분석하고, 기후 변화를 예측하는 도전이 기다리고 있었다. 분석된 데이터를 해석하는 일도 그들이 해결해야 할 과제였다.

프로젝트에 딥러닝을 적용하면서, 그들은 기온과 강수량 사이의 복잡한 관계를 분석하기 시작했다. 작업이 순조롭게 진행되던 중, 예상치 못한 문제에 직면했다. 분석 결과가 처음 예상했던 것과 다르게 나타났고, 이는 기후 변화 예측의 정확성에 큰 영향을 미칠 수 있는 심각한 문제였다. 지수는 걱정스럽게 말했다.

"건조한 곳에 비가 많이 올 거라는 예측은 현실과 전혀 맞지 않잖아."

우주도 문제를 심각하게 여겼다.

"신경망이 아직 충분히 학습되지 않은 것 같아. 이런 오류 때문에 계획이 완전히 틀어질 수도 있어."

지수는 어떻게 이 문제를 해결할 수 있을지 고민했다.

"우리 모델에 문제가 있는 것 같은데, 어떻게 고칠 수 있을까? 먼저 데이터를 다시 확인하고, 예측 과정을 재검토해 보자. 아마도 더 많은 데이터가 필요하거나 예측 알고리즘을 조정해야 할 수도 있어."

그들은 데이터를 다시 한번 검토하고 예측 과정을 세밀하게 분석했지만, 문제의 원인을 명확하게 파악하기가 어려웠다.

"도저히 안 되겠어. 알렉스를 불러야겠어."

지수가 도움을 요청하자 알렉스가 빠르게 다가왔다.

알렉스가 설명을 시작하자 에너지 점수판은 '초기 에너지: 40', '에너지 변화: -20', '남은 에너지: 20'으로 업데이트되어 현재 보유한 총 에너지를 보여 주었다.

"우리 모델이 예측을 잘못했을 때, 그 오류를 고치는 방법이 있어요. 이걸 '역전파'라고 해요. 모델이 예측한 결과와 실제 데이터 사이의 차이를 계산해서, 그 오류를 바탕으로 모델의 가중치를 조금씩 조정해 나가는 거죠. 이렇게 하면 모델이 점점 더 정확하게 예측할 수 있게 돼요."

지수는 알렉스의 설명을 들으며 고개를 끄덕였지만, 궁금한 점이 생겼다.

"알렉스, 그런데 오류를 수정한다고 했을 때, 구체적으로 어떻게 가중치를 조정하는 건가요? 가중치가 어떻게 바뀌면서 모델이 더 나아지는지 잘 이해가 안 돼요."

알렉스는 미소를 지으며 조금 더 구체적으로 설명했다.

"좋은 질문이에요, 지수. 모델이 예측한 값과 실제 값의 차이, 즉 오류를 계산한 후, 이 오류를 사용해 각 층에 있는 가중치를 조정해요. 이때 오류가 큰 가중치일수록 더 많이 조정되고, 오류가 적은 가중치는 조금 조정돼요. 이 과정을 거치면서 모델이 점점 더 학습 성과를 높이고, 예측이 정확해지는 거죠."

우주가 신중하게 질문을 던졌다.

"그럼, 가중치를 조정할 때마다 모델이 조금씩 더 나아지는 건가요? 가중치가 잘못 조정되면 오히려 예측이 더 나빠질 수도 있지 않나요?"

알렉스는 고개를 끄덕이며 답했다.

"맞아요, 우주. 그래서 가중치를 조정할 때 중요한 것은 바로 '학습률'을 적절히 설정하는 거예요. 학습률이 너무 높으면 모델이 급격하게 변하면서 불안정해질 수 있어요. 반대로, 학습률이 너무 낮으면 학습이 너무 느리게 진행되죠. 적절한 학습률을 찾는 것이 모델의 성능을 최적화하는 핵심이에요."

우주가 더 자세히 알고 싶어 물었다.

"그럼, 만약 가중치를 잘못 조정하게 되면 어떤 문제가 생기나요? 예를 들어, 비가 와야 할 지역에서 비가 오지 않을 것이라고 잘못 예측할 수도 있나요?"

알렉스는 가중치 조정의 중요성을 강조하며 말했다.

"그렇죠, 우주. 모델이 잘못된 패턴을 학습하면 그런 오류가 발생할 수 있어요. 그래서 우리는 데이터를 반복적으로 검토하고, 가중치를 신중하게 조정해 나가야 해요. 이렇게 해야 모델이 계속해서 올바르게 학습할 수 있어요."

지수는 알렉스의 설명을 듣고 컴퓨터 코드를 주의 깊게 살펴보기 시작했다. 우주도 데이터를 분석하다가 중요한 문제를 발견했다.

"여기 이 부분에서 가중치가 잘못 조정된 것 같아. 이걸 고치면 모델이 데이터를 더 잘 이해할 수 있을 거야."

지수와 우주는 이번 작업에서 가중치 조정에 많은 노력을 기울였다. 그들은 분석을 마치고 자신 있게 결과를 확인했지만, 뜻밖의 문제가 발생했다. 바람의 강도와 기온 사이에 예상치 못한 연관성이 나타난 것이다. 이 오류는 프로젝트의 정확성에 큰 영향을 미칠 수 있는 문제였다.

"우리 스스로 해결해 보자. 먼저, 데이터를 다시 한번 꼼꼼히 검토하고, 가중치 조정 과정을 다시 살펴보자."

지수의 제안에 따라 오류를 해결하기 위해 더 많은 시간을 투자했다. 그들은 가설을 세우고, 다양한 가중치 설정을 실험하며 바람과 기온 사이의 관계를 정확히 이해하려고 노력했다.

하지만 그들은 문제의 근본 원인을 찾지 못했다. 시간이 지날수록 지수와 우주는 점점 더 낙담했다.

"우리가 뭔가를 놓친 게 분명해. 하지만 무엇인지 도저히 찾을 수 없어."

우주가 한숨을 쉬며 말했다.

"알렉스에게 도움을 요청할 시간인 것 같아. 이대로라면 프로젝트의 정확성을 보장할 수 없어."

결국, 지수와 우주는 알렉스에게 도움을 요청하기로 했다. 에너지 점수를 사용해 알렉스의 전문적인 조언을 받는 것이 현명한 선택이었다.

"알렉스, 우리가 놓친 부분을 찾을 수 있도록 도와줘요."

알렉스는 화면을 가리키며 말했다.

알렉스가 설명을 시작하자 에너지 점수판은 '초기 에너지: 20', '에너지 변화: -20', '남은 에너지: 0'으로 업데이트되어 현재 보유한 총

에너지를 보여 주었다.

"여러분, 데이터 해석에 문제가 있는 것 같아요. 기온이 올라갈 때마다 바람도 세지는 걸로 나타나요. 이건 우리가 사용한 활성화 함수 때문일 수 있어요."

20   -20   0

지수는 알렉스의 말을 듣고, 함수 설정에 문제가 있을 가능성을 깨달았다.

알렉스는 계속해서 활성화 함수의 중요성을 설명했다.

"이 함수는 컴퓨터가 데이터를 어떻게 처리하고 해석할지를 결정해요. 올바른 함수를 사용하면 실제 날씨 패턴을 잘 보여 줄 수 있지만, 잘못 설정하면 컴퓨터가 날씨 패턴을 잘못 해석할 수 있어요."

알렉스는 지수가 이해한 것을 확인하고 다시 강조했다.

"이 함수 설정 때문에 바람과 기온 사이의 관계를 제대로 분석하지 못하고 있어요. 이를 해결하려면 활성화 함수를 바꿔야 해요."

지수와 우주는 활성화 함수가 매우 중요하다는 것을 이해했다. 이 함수를 정확히 적용하면 딥러닝 모델이 기후 데이터를 더 잘 이해하고 분석할 수 있을 것 같았다.

A 허브에서 지수와 우주는 신경망의 문제들을 하나하나 고쳐 나갔다. 이 과정에서 그들은 컴퓨터가 데이터를 어떻게 배우고 처리하는지를 더 깊이 이해할 수 있었다.

우주는 조심스럽게 말했다.

"만약 우리가 이 함수를 잘못 설정하면, 우리의 예측이 완전히 달라질 수 있어."

지수는 컴퓨터에서 설정을 새롭게 조정하며, 기온과 강수량이 어떻게 서로 영향을 주는지 분석했다. 그녀는 딥러닝 모델이 이러한 상관관계를 더 정확하게 이해하도록 활성화 함수를 조정하고 최적화했다.

중심의 뇌 모양은 신경망을 나타내며, 다양한 활성화 함수(Sigmoid, ReLU, Softmax 등)가 노드들 사이의 신호 변환을 담당한다. 각 노드는 입력 신호를 받아 활성화 함수를 통해 출력 신호를 생성하고, 이를 다음 노드로 전달한다.

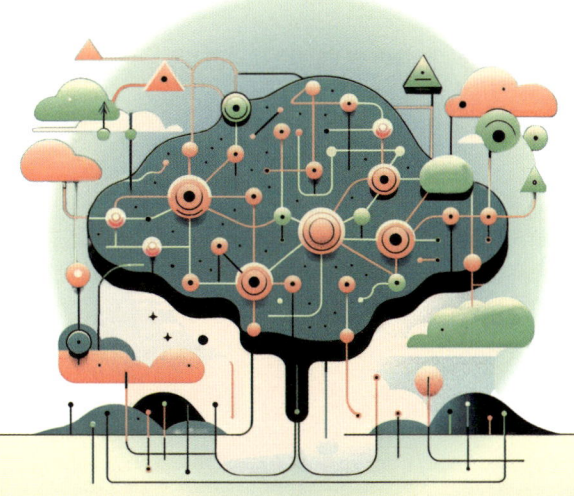

지수와 우주는 컴퓨터 화면을 바라보며 환하게 웃었다. 신경망이 원활하게 작동하기 시작하면서 기후 예측의 정확도가 눈에 띄게 향상되었다.

"우와, 정말 해 냈어! 이제 우리가 만든 신경망으로 날씨를 잘 예측할 수 있을 것 같아!"

우주가 기뻐하며 말했다.

"정말 놀라워! 우리가 배운 딥러닝 기술을 활용해서 기후 변화 데이터를 상시적으로 분석하고 예측할 수 있다니, 큰 문제를 해결한 거야!"

지수의 얼굴에는 흥분이 가득 찼다.

알렉스는 그들을 향해 화면에서 미소 지으며 격려했다.

"잘했어요! 여러분은 노력과 인내심으로 큰 성공을 이뤘어요. 앞으로 여러분이 해낼 일들을 생각하니 정말 기대돼요."

지수와 우주는 딥러닝이 얼마나 놀라운 가능성을 가지고 있는지 다시 한번 깨닫게 되었다.

딥러닝의 다양한 적용

"이제 딥러닝이 일상생활에 어떻게 적용되는지 살펴볼까요?"

우주의 눈동자가 호기심으로 빛났다.

"네, 딥러닝이 다른 분야에서는 어떻게 활용되는지 알고 싶어요."

알렉스는 의료 분야에서 딥러닝의 적용 사례를 설명하기 시작했다.

"딥러닝은 의료 영상 분석에 혁명적인 변화를 가져오고 있습니다. 예를 들어, fMRI나 CT 스캔과 같은 이미지 진단 분야에서 암과 같은 질병을 정확히 탐지하는 데 사용됩니다. 딥러닝 모델은 복잡한 의료 이미지를 분석해 의사가 간과할 수 있는 미묘한 패턴까지도 파악할 수 있습니다."

알렉스는 자율 주행 자동차의 딥러닝 기술에 대해 설명을 이어갔다.

"자율 주행 자동차는 딥러닝을 이용하여 주변 환경을 파악하고, 이에 따른 결정을 내립니다. 이 기술

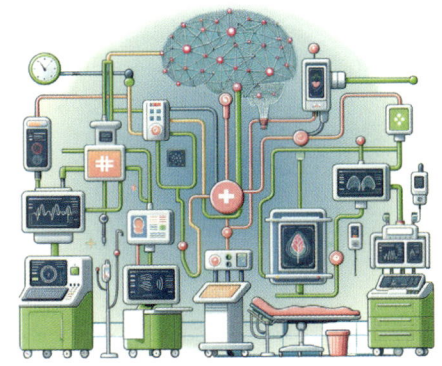

AI 기술로 통합된 진단 처방 및 의료 장비

은 차량, 보행자, 신호등 등 도로상의 다양한 요소들을 실시간으로 파악하고 분석함으로써, 안전 운전에 필요한 정보를 제공합니다."

이어서 알렉스는 음성 인식과 자연어 처리 분야에서 딥러닝의 사용에 대해 설명했다.

"음성 인식 기술은 딥러닝 모델을 바탕으로 크게 발전한 분야입니다. 우리는 가상 비서나 챗봇과 자연스러운 대화를 나눌 수 있습니다. 딥러닝은 사용자의 음성을 정확히 인식하고, 자연어를 이해하여 적절한 반응을 제공합니다."

우주는 감탄하며 말했다.

"알렉스의 설명을 듣고 보니 상상했던 것보다 훨씬 더 많은 가능성이 이미 실현되고 있네요. 앞으로 딥러닝이 우리 삶을 어떻게 변화시킬지 정말 궁금하네요."

알렉스는 응답했다.

"우리는 더욱 개인화된 서비스, 향상된 의료 서비스, 그리고 더 나은 안전 및 보안 시스템을 경험하게 될 것입니다. 딥러닝은 더 스마트하고 연결된 세상을 만드는 데 중요한 역할을 할 거예요."

A 허브의 창문 너머로 저녁 햇빛이 스며들면서, 알렉스는 지수와

우주에게 새로운 모험을 제안했다.

"머신러닝과 딥러닝을 탐험했으니, 이제 자연어 처리를 탐구해 볼까요? 인공지능이 인간 언어를 이해하는 방법을 알아볼 차례입니다."

"와, 인공지능이 인간의 언어를 어떻게 이해할까?"

지수의 목소리에는 새 학습 주제에 대한 기대감이 가득했다. 우주의 눈빛에서도 인공지능과 인간 언어의 상호 작용에 대한 흥미와 기대가 엿보였다.

"인공지능이 사람의 말을 이해한다니, 정말 신기하네."

딥러닝

• 딥러닝이란 무엇일까요?

딥러닝은 컴퓨터가 마치 사람처럼 학습하고 생각하도록 돕는 기술입니다. 사람의 뇌 구조를 모방한 인공신경망을 통해, 컴퓨터는 복잡한 문제를 스스로 해결하는 방법을 배웁니다. 이 기술 덕분에 컴퓨터는 사진 속 사물을 인식하거나, 우리가 말하는 내용을 이해할 수 있습니다.

• 딥러닝은 어떻게 작동하나요?

딥러닝이 작동하는 인공신경망은 여러 층(layer)으로 구성되어 있으며, 각 층은 이미지의 형태 인식, 색상 구분 등과 같은 특정 작업을 수행합니다. 딥러닝은 이미지 인식, 음성 인식, 자연어 처리와 같은 복잡한 문제를 해결하는 데 탁월합니다. 예를 들어, 스마트폰의 음성 인식 기능이나 사진 앱에서 얼굴을 자동으로 태그하는 기능도 딥러닝 덕분이죠. 딥러닝을 모델링하려면 엄청난 양의 데이터와 강력한 컴퓨터가 필요합니다. 딥러닝은 데이터 학습을 통해 점점 더 똑똑해지고, 더욱 복잡한 문제들을 해결할 수 있어요.

• 딥러닝의 의미와 가능성은 무엇인가요?

딥러닝은 우리 생활을 더욱 편리하고 스마트하게 만들어주는 기술입니다. 의료 분야에서는 정확한 진단을 가능하게 하고, 자동차에서는 자율 주행 기능을 실현하며, 스마트폰에서는 똑똑한 개인 비서 역할을 합니다. 딥러닝은 앞으로도 우리의 삶을 더욱 변화시킬 거예요.

딥러닝은 컴퓨터가 인간처럼 배우고 생각하게 하는 기술이다.

결정 트리

• 결정 트리란 무엇일까요?

결정 트리는 선택 가능한 결과를 시각적으로 보여 주는 지도와 같아요. 일반적으로 하나의 노드에서 시작해, 그 노드가 여러 가능한 결과로 분기됩니다. 각 결과는 새로운 노드로 이어지며, 다시 다른 가능성으로 분기되기 때문에 결정 트리는 나무 모양을 하게 돼요.

루트 노드(시작점)에서 출발해 중간 노드를 거쳐, 단말 노드(잎 노드)에서 최종 결정을 내리게 됩니다. 노드는 '질문'을 나타내고, 각 가지는 질문의 답(YES 또는 NO)을 의미하며, 단말 노드는 최종적인 분류 결정을 내리게 돼요.

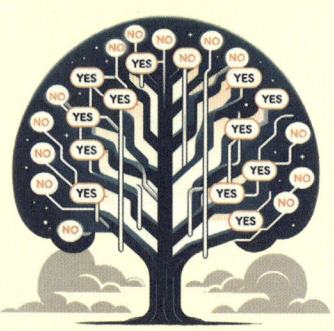

결정 트리는 데이터를 분류하거나 예측하기 위해, 데이터를 여러 하위 그룹으로 나누는 과정이다.

• 결정 트리는 어떤 문제 해결에 사용되나요?

결정 트리는 사진 속 사람이 누구인지 찾거나, 이메일이 중요한지 아닌지 구분하는 등 다양한 상황에서 사용돼요. 컴퓨터는 결정 트리의 각 단계를 따라가며 '예' 또는 '아니오'로 답할 수 있는 질문들을 통해 최종 결정에 도달해요.

• 결정 트리를 사용할 때 주의할 점은 무엇인가요?

결정 트리를 만들 때 너무 많은 질문을 추가하면, 컴퓨터가 지나치게 구체적인 상황을 판단하는 데 익숙해질 수 있어요. 이를 '과적합'이라고 하는데, 이 경우 컴퓨터가 새로운 데이터를 처리하는 데 어려움을 겪을 수 있습니다. 이런 상황에서는 다른 결정 트리들과 함께 사용하여 일반적인 판단을 하도록 할 수 있어요.

인공신경망의 구성 요소

인공신경망은 컴퓨터가 생각하고 학습할 수 있도록 사람의 뇌를 모방해 만든 기술입니다. 이 기술의 구성 요소를 이해하려면, 노드와 레이어라는 두 가지 기본적인 요소를 알아야 합니다.

• 노드(뉴런)는 무엇인가요?

　인공신경망은 인공 뉴런이라 불리는 노드들로 구성돼요. 노드들은 데이터의 일부분을 처리하며 서로 연결되어 있습니다. 각 노드는 연결된 노드들로부터 신호를 수신한 후, 데이터 특성을 분석하는 복잡한 계산을 수행하는 작은 계산기입니다. 그리고 결과를 다른 연결된 노드들에게 전달합니다.

• 레이어(층)란 무엇인가요?

　일반적으로 노드들은 레이어 단위로 모여 있어요. 서로 다른 레이어는 각각 다른 역할을 수행합니다. 신호는 입력 레이어에서 시작하여 출력 레이어로 이동하며, 중간에 여러 개의 은닉 레이어를 거칩니다. 심층 신경망은 두 개 이상의 은닉 레이어를 가지고 있습니다.

• 가중치는 어떤 역할을 하나요?

　노드 사이의 연결에는 가중치가 적용돼요. 이 가중치는 입력 데이터의 중요도를 조절합니다. 신경망이 학습하는 동안, 가중치는 지속적으로 조정되어 더 정확한 예측을 할 수 있도록 최적화됩니다. 만약 예측이 틀리게 되면 가중치를 조정하여 더 나은 예측을 할 수 있어요. 이 기술은 사진을 인식하거나 음성을 이해하고, 복잡한 결정을 내리는 등 컴퓨터의 다양한 학습에 적용됩니다. 이를 통해 컴퓨터는 마치 사람처럼 학습하고 성장할 수 있습니다!

역전파

역전파 과정은 인공신경망의 학습에 사용되는 매우 중요한 오류 수정 방법입니다. 이 과정을 통해 컴퓨터는 자신이 내린 결정의 정확성을 점검하고, 필요한 경우 스스로를 교정해요. 마치 학생이 시험을 치르고 틀린 문제의 답을 바로잡는 것과 같아요!

• 역전파 과정은 어떻게 진행되나요?

컴퓨터는 먼저 자신이 예측한 답과 실제 정답 사이의 오차를 계산합니다. 그런 다음, 이 오차를 최소화하기 위해 출력 층에서 입력 층으로 거슬러 올라가며 각 단계에서 가중치를 조금씩 조정합니다. 컴퓨터는 이러한 과정을 다양한 데이터에 대해 반복하면서 각 노드의 가중치를 적절히 수정합니다. 역전파 과정을 거치면서 컴퓨터는 점점 더 정확한 예측을 하게 됩니다

• 역전파의 중요성은 무엇인가요?

컴퓨터가 스스로 학습하고 개선하는 데는 역전파 기술이 핵심입니다. 역전파 과정을 통해 인공신경망은 사람의 언어를 이해하거나 사진 속 물체를 인식하는 등 복잡한 작업을 수행할 수 있어요. 역전파 덕분에, 컴퓨터는 마치 인간처럼 학습하고 성장할 수 있는 능력을 갖게 됩니다.

음성 인식과 딥러닝

• 음성 인식 기술은 어떻게 발전했을까요?

'안녕, 스마트폰!'이라고 말하면, 스마트폰이 여러분의 말을 알아듣고 대답해 주는 경험을 한 적이 있나요? 이런 놀라운 일이 가능

한 건 바로 '딥러닝' 덕분입니다. 딥러닝은 컴퓨터가 우리의 말소리를 텍스트로 바꿔 주는 음성 인식 기술을 획기적으로 발전시켰어요.

• **음성 인식 딥러닝은 어떻게 발전하고 있나요?**

초기의 음성 인식 모델은 데이터 부족으로 과적합 문제를 겪었고, 특정 환경에서만 정확하게 작동했어요. 이제는 더 큰 데이터 세트와 더 깊고 복잡한 신경망 구조를 사용하여 다양한 언어와 억양을 정확하게 인식할 수 있습니다. 또한, 강화 학습 기술이 도입되면서 음성 인식 시스템이 새로운 상황에 더 빠르게 적응하고 있습니다. 음성 인식 기술은 점점 더 자연스럽고, 인간과 유사한 대화 능력을 가지게 되었어요.

4장

자연어 처리, 언어의 벽을 넘다

↳ 시와 언어의 깊이를 인공지능으로 탐구하기

A 허브는 최신 자연어 처리 기술이 구현된 혁신적인 공간으로, 벽면에는 다양한 언어 모델의 시각적 표현과 텍스트 데이터의 분석 과정이 실시간으로 업데이트되고 있었다. 공간 중앙에는 대형 인터랙티브 스크린이 설치되어 있어 사용자가 직접 텍스트 데이터를 입력하고 다양한 자연어 처리 알고리즘을 적용해 볼 수 있었다. 공중에는 홀로그래픽 디스플레이가 떠다니며, 언어 모델의 구조와 텍스트 처리 과정을 실시간으로 보여 주고 있었다.

저녁 어스름이 A 허브에 내려앉았다. 지수와 우주는 문학 동아리의 가을 발표회를 준비하고 있었다. 두 사람은 월트 휘트먼의 시에 집중하며 그 언어적 깊이와 문화적 배경을 탐구하고 있었다.

"휘트먼은 정말 독특하게 언어를 사용하는 것 같아. 우리가 평소 학교에서 배우는 영어와는 사뭇 다른 느낌이야."

지수가 입가에 미소를 띠며 우주에게 말했다.

"휘트먼의 시에 담긴 깊은 의미와 문화적 배경을 어떻게 해석해야 할까?"

그 순간 알렉스가 나타났다.

"인공지능을 사용하여 이 문제를 해결해 보세요. 자연어 처리 기술을 추천합니다."

우주가 놀란 듯 물었다.

"인공지능 챗봇으로 시를 분석할 수 있어요?"

알렉스는 우주의 질문에 살짝 웃으며 답했다.

"자연어 처리는 인공지능이 자연어의 의미를 파악하고 해석하는 과정을 말합니다. 예를 들어, 챗봇이 시의 언어 구조, 은유, 상징을 분석하여 그 의미를 이해하고 사용자와 소통하는 것이죠."

지수는 관심을 보이며 질문했다.

"그렇다면 인공지능은 휘트먼의 시에 담긴 문화적, 역사적 맥락까지 파악할 수 있겠어요!"

자연어 처리는 텍스트 분석, AI 챗봇, 음성 인식 등에 적용된다.

Ａ 허브 벽면 화면이 밝아지고 중앙에 다채로운 색상이 다양한 방향으로 뻗어 나가며 창의력의 폭발을 보여 주었다. 중심에서 빛나는 밝은 빛은 독창적인 아이디어의 탄생을 표현했다.

에너지 점수판은 '초기 에너지: 0', '에너지 변화: +10', '남은 에너지: 10'으로 업데이트되어 현재 보유한 총 에너지를 보여 주었다.

알렉스는 설명을 계속했다.

"어느 정도까지는 가능합니다. 자연어 처리 기술은 문맥을 분석하고 언어 패턴을 인식하여 시의 겉으로 드러난 의미를 파악합니다. 또한, 그 이면의 깊은 의미까지도 탐색할 수 있어요. 물론 섬세한 언어의 뉘앙스나 문화적 함축을 완전히 파악하는 데는 한계가 있지만, 어느 정도까지는 매우 유용한 도구가 될 수 있습니다."

우주가 신중하게 질문을 던졌다.

"그렇다면 우리가 인공지능과 상호 작용을 하며 시를 분석하고 해석할 수 있을까요? 인간의 창의성과 인공지능의 분석 능력이 결합되면 더 깊은 해석을 이끌어 낼 수 있을 것 같아요."

알렉스는 고개를 끄덕이며 대답했다.

"그렇죠, 우주. 자연어 처리는 인간과 상호 작용 하며 언어를 더 깊이 이해할 수 있게 도와줘요."

알렉스가 이어서 말했다.

"특히 시인의 독특한 글 스타일에 언어 모델을 맞추는 것은 정말 복잡한 일이에요. 이를 위해서는 모델을 재학습시키거나 튜닝하는 작업이 필요해요. 좋은 모델을 선택하고, 세부 설정을 조정하는 데는 많은 시도와 세심한 작업이 필요하거든요."

우주는 걱정스러운 목소리로 말했다.

"이 언어 모델을 휘트먼의 글에 맞춰 조정하는 게 어려울 것 같아요. 모델을 바꾸는 일 자체가 쉽지 않아 보여요."

우주는 불안한 표정으로 덧붙였다.

"우리가 주어진 시간 안에 이 모든 걸 다 할 수 있을지 모르겠어요. 언어 모델의 한계를 어떻게 넘어설지 고민이 돼요."

지수는 화면에 표시된 다이어그램을 주의 깊게 들여다보았다.

"이 자연어 처리 모델이 시의 은유와 상징 같은 언어 특징을 어떻게 처리할지 궁금해요. 인공지능이 인간의 복잡한 언어 표현을 정말 이해할 수 있을까요?"

알렉스는 그들의 걱정을 이해했다.

"맞아요. 정말 중요한 문제예요. 현재의 자연어 처리 기술은 아직 완벽하지 않아요. 특히 세밀하고 복잡한 문학적 표현을 완전히 파악하는 것은 여전히 도전적인 과제죠. 하지만 저는 여러분이 이 어려움을 해결할 수 있을 거라 믿어요. 적절한 자연어 처리 모델을 선택한 후, 그 모델이 문학적 표현을 더 잘 이해하도록 필요한 조정 방법을 자세히 안내해 드릴게요."

알렉스는 기본부터 심화 학습까지 체계적으로 지도하기 시작했다. 문학적 언어의 복잡성을 이해하고 해석할 수 있도록, 자연어 처리 기술의 다양한 측면에 대해 깊이 있는 수업을 진행했다. 우주와 지수는 객체 인식, 문맥 분석, 은유적 표현의 이해 등을 포함한 다양한 자연어 처리 기법을 탐구하며, 자연어 처리 모델을 문학적 텍스트에 적용하는 방법을 배웠다. 모델을 조정하고 최적화하는 방법을 습득했다.

프로젝트에 자연어 처리(NLP) 활용

A 허브에 조용히 어둠이 내려앉았다. 창가에 앉은 지수와 우주는 자연어 처리 기술을 활용해 월트 휘트먼의 시를 분석하는 데 집중하고 있었다. 복잡한 문학적 언어를 깊이 이해하는 것은 그들에게 새로운 도전이었다.

우주는 낮은 목소리로 말했다.

"자연어 처리를 사용해 이런 복잡한 문장을 분석하는 것이 정말 놀라워. 그런데 이 기술이 시에 담긴 깊은 문화적 맥락이나 은유를 정말 이해할 수 있을까?"

지수는 진지한 표정으로 고개를 끄덕였다.

"그건 자연어 처리가 직면한 큰 도전 중 하나일 거야. 인공지능이 아무리 발전해도 창의성과 깊은 이해력에서 인간의 수준에 도달하기란 쉽지 않을 테니까."

분석을 진행하는 동안, 자연어 처리 모델은 월트 휘트먼의 'Leaves of Grass'에 나오는 일부 구절을 해석하는 데 어려움을 겪었다. 휘트먼이 시에서 사용한 '풀잎'은 평범한 사람들, 자연, 생명 등을 상징하는데, 인공지능은 이를 문자 그대로의 풀잎으로 해석하고 있었다.

지수가 모니터를 가리키며 불안한 목소리로 말했다.

"여기 봐. '풀잎'이 자연의 아름다움이나 생명을 상징하는데, 인공지능은 문자 그대로 식물의 풀잎으로만 보고 있어. 이렇게 잘못 이해하면 휘트먼의 시가 지닌 깊은 의미를 놓칠 수 있어."

우주가 고개를 끄덕이며 대답했다.

"맞아, 문학에서 은유를 쓰는 건 정말 중요한데, 인공지능이 그런 미묘한 부분까지 제대로 이해하기는 힘들어 보여."

이때, 지수와 우주는 해결책을 찾기 위해 알렉스를 호출했다.

"알렉스, 도움이…. 아, 에너지 점수가 부족하구나."

알렉스의 도움을 받을 수 없는 상황이었다. 지수가 실망한 목소리로 말했다.

"어떻게 하지?"

"이제 우리가 스스로 해결해야겠네."

우주도 어쩔 수 없다는 듯 고개를 떨구었다.

"이건 자연어 처리가 아직까지 해결하지 못한 문제 중 하나인 것 같아."

지수와 우주는 알렉스의 도움을 받지 못하는 상황에서 자연어 처리의 한계를 넘어서려고 서로 아이디어를 나누었다.

"우리가 직접 문학 작품에서 자주 나오는 은유나 상징을 분석해서 목록을 만들고, 이 데이터를 자연어 처리 모델에 추가해 볼까?"

우주는 지수의 아이디어에 흥미를 보였다.

"좋아, 모델이 문학 텍스트를 더 직관적으로 해석하도록 가이드라인을 개발할 수 있을 것 같아. 이렇게 하면 모델이 문학적 의미를 좀 더 잘 파악할 수 있을 거야."

A 허브 벽면 화면이 밝아지며 중앙에 다양한 크기와 모양의 톱니바퀴들이 서로 맞물려 돌아가는 이미지가 나타났다. 이 톱니바퀴들은 서로 긴밀하게 연결되어 있으며, 각기 다른 역할을 수행하면서도 조화롭게 움직이는 팀워크를 상징했다.

에너지 점수판은 '초기 에너지: 10', '에너지 변화: +10', '남은 에너지: 20'으로 업데이트되어 현재 보유한 총 에너지를 보여 주었다.

그들은 자연어 처리 모델이 문학 텍스트를 더 깊이 이해하고 해석할 수 있

도록 새로운 접근 방법을 모색했다.

　새벽빛이 A 허브에 스며들 때, 지수와 우주는 월트 휘트먼의 'O Captain! My Captain!'을 깊이 있게 분석하고 있었다. 그들은 시의 구조와 어휘를 새로운 시각에서 이해하게 되었다.

　우주는 시의 역사적 배경에 초점을 맞추었다.

　"이 시는 미국 남북전쟁과 링컨 대통령을 애도하는 내용을 담고 있어. 인공지능이 이런 역사적 맥락을 완전히 이해하기는 어렵겠지만, 이러한 정보를 바탕으로 더 깊이 있는 해석을 시도할 수 있을 거야."

　A 허브 벽면 화면이 밝아지고 중앙에 다채로운 색상들이 다양한 방향으로 뻗어 나가며 창의력의 폭발을 보여 주었다. 중심에서 빛나는 밝은 빛은 독창적인 아이디어의 탄생을 표현했다.

　에너지 점수판은 '초기 에너지: 20', '에너지 변화: +10', '남은 에너지: 30'으로 업데이트되어 현재 보유한 총 에너지를 보여 주었다.

　지수는 시에서 사용된 은유와 감정의 뉘앙스에 집중했다.

20　　10　　30

"여기 'O Captain! My Captain!'에서는 슬픔과 존경심이 드러나고 있어. 인공지능이 이런 감정을 완벽하게 파악하기는 힘들겠지만, 우리가 감정적 해석을 더해 주면 시의 의미를 더욱 풍부하게 이해할 수 있을 거야."

그들은 인공지능의 분석 결과에 자신들의 감정과 해석을 더하며 시를 깊이 있게 분석했다.

우주는 밝고 활기찬 목소리로 말했다.

"인공지능이 제공한 분석을 바탕으로, 우리가 그 시대의 문화와 인간의 복잡한 관계를 더 깊이 탐구할 수 있게 되었어."

지수는 고개를 끄덕이며 말했다.

"인공지능의 분석에 우리의 해석을 더하니, 휘트먼의 시가 더욱 생동감 있고 감동적으로 느껴져. 기술과 인간의 상호 작용을 통해 문학을 더 깊이 이해할 수 있게 되었어. 이 정도면 문학 동아리 가을 발표회 준비는 만족할 만해."

알렉스는 그들의 노력을 인정하며 칭찬을 아끼지 않았다.

"여러분이 정말 대단한 작업을 해 냈어요. 이 경험을 통해 자연어 처리가 인간과 기계 사이의 언어 이해에 어떤 도움을 줄 수 있는지 명확하게 보여 주었죠. 인간의 감성과 해석 능력은 인공지능이 아직 도달하지 못한 영역이에요. 여러분의 해석이 인공지능의 분석을 보완해 주었어요.

자연어 처리의 다양한 활용

알렉스는 지수와 우주에게 새로운 학습 주제를 제시했다.

"월트 휘트먼의 시 분석은 어떠했나요? 이제 자연어 처리가 다른 분야에서 어떻게 적용되는지 알아보는 시간을 가져 볼까요?"

지수의 눈이 호기심으로 반짝였다.

"네, 궁금해요. 다른 분야에서 자연어 처리가 어떻게 사용되는지 듣고 싶어요."

알렉스가 제안했다.

"그럼, 우선 검색 엔진 최적화부터 살펴볼까요? 여러분, 검색 엔진이 사용자의 질문을 어떻게 이해하고 관련성 높은 결과를 제공하는지 생각해 본 적 있나요?"

우주와 지수는 서로를 바라보았다. 검색 엔진이 자연어 처리 기술을 사용해 질문의 의미를 파악하고, 가장 적절한 답변을 찾아내는 과정이 새로운 관심사가 되었다.

우주가 머뭇거리며 답했다.

"아마도 검색어의 주요 단어를 분석해서 관련된 정보를 찾아내는 거겠죠. 예를 들면, '가장 가까운 이탈리안 레스토랑'이라는 검색어에서 '가까운'과 '이탈리안 레스토랑'이 중요한 단어가 될 것 같아요."

A 허브 벽면 화면이 밝아지며 중앙에 서로 맞물려 있는 퍼즐 조각들이 나타났다. 이 퍼즐 조각들은 서로 맞춰지며 완성된 그림을 이루는 듯한 모습으로, 문제를 해결하는 과정을 상징했다.

에너지 점수판은 '초기 에너지: 30', '에너지 변화: +10', '남은 에너지: 40'으로 업데이트되어 현재 보유한 총 에너지를 보여 주었다.

알렉스는 미소 지으며 말했다.

"맞아요. 자연어 처리는 다양한 분야에서 의미 있는 검색 정보를 추출해 우리 생활을 더 편리하게 만드는 데 기여하고

30　10　40

있죠."

화면에 새로운 주제가 나타났다.

"이제 기계 번역에 대해 알아볼까요? 자연어 처리는 언어 장벽을 넘는 데 어떻게 도움을 줄 수 있을까요?"

지수가 관심을 보이며 기계 번역에 대해 질문했다.

"기계 번역은 어떻게 작동하는 거죠?"

알렉스가 친절하게 답했다.

"기계 번역은 자연어 처리를 활용하여 한 언어의 텍스트를 다른 언어로 번역하는 기술이에요. 예를 들면, 영어 문장을 한국어로 번역하는 것이죠. 음성 인식과 챗봇 기술도 유사하게 자연어 처리 알고리즘을 사용해요. 음성 인식은 음성 신호를 텍스트로 변환하고, 챗봇은 사용자가 입력한 텍스트를 분석해 가장 적합한 답변을 생성하는 방식으로 작동해요."

알렉스는 이번에는 의료 분야로 이야기를 이어갔다.

"의료 분야에서는 자연어 처리가 어떻게 활용되는시 궁금하지 않나요?"

지수가 고개를 끄덕였다.

알렉스는 자세한 설명을 계속했다.

"의료 분야에서 자연어 처리는 환자의 증상을 분석하고 진단하는 과정에서 매우 중요한 역할을 해요. 의료 전문가들은 이 기술을 활용해 환자의 말에서 핵심 정보를 추출하고, 정확한 진단을 내리며 효율적인 치료 계획을 세울 수 있어요."

우주가 눈을 반짝이며 말했다.

"그렇다면 법률 분야에서는 자연어 처리가 어떻게 활용되나요?"

알렉스는 미소를 지었다.

"법률 분야에서 자연어 처리의 역할은 매우 중요해요. 이 기술은 법률 문서에 포함된 복잡한 언어를 분석하고, 필요한 정보를 추출하는 데 사용돼요. 이를 통해 법률 전문가들은 문서 작업을 더 빠르고 효과적으로 처리할 수 있으며, 더 정확한 의사 결정을 할 수 있어요."

지수가 추가 질문을 던졌다.

"예를 들어, 자연어 처리가 법률 문서를 작업하는 데 구체적으로 어떤 도움을 줄 수 있나요?"

알렉스는 고개를 끄덕이며 답했다.

"좋은 질문이에요, 지수. 예를 들어, 자연어 처리는 계약서나 판결

문과 같은 긴 법률 문서에서 중요한 조항이나 특정 법적 용어를 자동으로 찾아낼 수 있어요. 이는 변호사나 법률 전문가들이 방대한 문서를 일일이 읽지 않고도, 필요한 부분만 신속하게 찾아볼 수 있도록 도와줍니다."

알렉스는 우주와 지수를 바라보며 말했다.

"소셜 미디어에서 자연어 처리는 매우 중요한 역할을 해요. 자연어 처리는 사용자의 게시글과 댓글을 분석하여 소비자들의 감정 상태와 선호도를 파악하죠."

알렉스는 자세히 설명을 이어 갔다.

자연어 처리는 텍스트 분석, AI 챗봇, 음성 인식 등에 적용된다.

"기업들은 이렇게 수집된 정보를 활용해 마케팅 전략을 더 효과적으로 조정하고, 소비자의 요구에 보다 정확하게 부응할 수 있어요."

지수와 우주는 알렉스의 설명을 들으며 자연어 처리가 다양한 분야에서 어떻게 혁신을 주도하고 있는지 깊이 이해하게 되었다.

"자연어 처리를 살펴봤으니, 이제 컴퓨터 비전에 대해서 알아보는 건 어떨까요? 컴퓨터 비전은 인공지능이 시각적 데이터를 어떻게 이해하는지 연구하는 분야입니다."

우주의 눈빛은 호기심으로 반짝였다.

"인공지능이 이미지를 분석한다는 게 정말 흥미롭네요! 그게 어떻게 가능한 거죠?"

알렉스는 침착하게 설명을 시작했다.

"컴퓨터 비전은 인공지능이 사진이나 비디오와 같은 시각적 자료를 분석하고 해석하는 데 사용되는 기술이에요. 이를 통해 주변 환경을 실시간으로 이해할 수 있어요. 다음 모험은 컴퓨터 비전 인공지능입니다."

지수는 설레는 목소리로 말했다.

"새로운 분야의 인공지능에 대해 배울 때마다 늘 새롭고 놀라워요.

정말 인공지능의 세계는 끝이 없는 것 같아요."

우주는 기대감을 감추지 못하고 미소를 지었다.

"컴퓨터 비전을 배우면 인공지능이 우리가 보는 이미지와 동영상의 세계를 어떻게 인식하고 해석하는지 알 수 있겠죠. 정말 흥미로운 일이 될 것 같아요."

알렉스의 AI LAB

자연어 처리(NLP)

자연어 처리(NLP)는 인공지능의 한 분야로, 컴퓨터가 사람의 언어를 이해하고 처리할 수 있게 해 줍니다. 컴퓨터는 글을 읽고 글을 쓰며, 말을 알아듣고 말을 할 수 있어요. 이를 통해 사람과 컴퓨터가 서로 대화할 수 있습니다.

• **자연어 처리는 어떻게 작동하나요?**

자연어 처리는 텍스트나 음성 데이터를 분석하여, 컴퓨터가 그 안에 담긴 의미를 이해할 수 있도록 해 줍니다. 이 과정에서 컴퓨터는 단어의 뜻, 문장의 구조, 맥락 등을 파악하게 됩니다. 그리고 자연어 이해를 바탕으로 질문에 답하거나, 지시를 수행하며, 새로운 문장을 생성할 수 있어요.

• 자연어 처리는 어디에 사용되나요?

 자연어 처리는 다양한 분야에서 사용됩니다. 자동 번역 프로그램은 글이나 말을 다른 언어로 번역해 주고, 스마트폰이나 컴퓨터의 음성 인식 시스템은 사용자가 말한 내용을 텍스트로 변환해 읽을 수 있게 해 줘요. 챗봇은 온라인에서 고객의 문제를 해결하거나 정보를 제공합니다.

• 자연어 처리의 특별한 점은 무엇인가요?

 자연어 처리를 통해 컴퓨터가 인간의 언어를 이해하면서, 사람과 컴퓨터 간의 소통이 가능해졌어요. 이 기술 덕분에 우리는 컴퓨터와 더 자연스럽고 편리하게 대화할 수 있어요. 자연어 처리 기술이 발전하면, 인간의 감정까지 이해하는 대화를 나눌 수 있을 것입니다. 이로 인해 교육, 엔터테인먼트, 의료 등 여러 분야에서 우리의 생활이 더 풍부하고 편리해질 것입니다.

문맥 분석

문맥 분석은 말이나 글에서 '진짜' 의미를 찾아내는 작업을 말해요. 마치 친구와 대화할 때, 그 말뿐만 아니라 상황, 표정, 목소리 톤까지 고려해 친구의 의도를 파악하는 것과 같아요.

• **문맥 분석은 어떻게 작동하나요?**

문맥 분석은 컴퓨터가 글이나 말 속에서 단어의 의미뿐만 아니라, 해당 단어가 사용된 상황 전체를 이해하도록 도와줘요. 이를 통해 같은 표현이라도 사용된 맥락에 따라 다른 의미를 가질 수 있음을 컴퓨터가 파악할 수 있게 해 줘요.

• **문맥 분석은 어디에 사용되나요?**

문맥 분석은 여러 분야에서 사용돼요. 감성 분석에서는 사람들의 글에서 긍정적인지 부정적인지 감정을 파악하는 데 활용되며, 기계 번역에서는 다른 언어로 번역할 때 맥락을 고려해 더 자연스러운 번역을 만들어 줘요. 또한, 챗봇이 사람과 대화할 때 말의 의미를 정확히 이해하고 적절한 답변을 할 수 있게 해 줘요.

• 문맥 분석의 중요성은 무엇인가요?

문맥 분석은 컴퓨터가 사람처럼 말이나 글의 '진짜' 의미를 이해할 수 있게 만들어 줘요. 이를 통해 컴퓨터와 사람 사이의 의사소통이 더 자연스럽고, 정확하며, 의미 있는 대화가 가능해져요. 문맥 분석 기술이 발전함에 따라, 우리는 컴퓨터와 더 깊이 있고 의미 있는 대화를 나눌 수 있게 될 거예요. 이는 교육, 엔터테인먼트, 고객 서비스 등 여러 분야에서 우리의 경험을 풍부하게 만들어 줄 거예요. 또한, 서로 다른 언어와 문화를 가진 사람들 사이의 소통도 더욱 원활해질 거예요.

기계 번역

기계 번역은 컴퓨터가 어떤 언어를 다른 언어로 글이나 말을 바꿔주는 기술입니다. 예를 들어, 영어로 된 글을 한국어로, 또는 한국어로 된 말을 영어로 자동 번역 할 수 있어요.

- 기계 번역은 어떻게 작동하나요?

통계적 기계 번역은 대량의 번역 문서를 분석하고, 그 통계적 패턴을 학습합니다. 단어 하나하나를 개별적으로 번역하는 방식이에요. 반면에, 신경 기계 번역은 딥러닝 기술을 사용하여 문장에서 단어의 연속적인 배열을 예측하는 방식으로 번역을 합니다. 이 과정에서 인공신경망이 문장 전체를 이해하고, 문맥에 맞는 단어와 구문을 생성합니다.

- 기계 번역은 어디에 사용되나요?

기계 번역의 발전으로 출판물, 하드웨어, 소프트웨어 등 다양한 제품을 언어와 문화권이 다른 여러 환경에서도 사용할 수 있어요. 웹사이트, 프로그램, 앱 등의 자동 번역이 가능해져 다른 언어권에서도 쉽게 접근할 수 있어요. 또한, 실시간 음성 번역은 외국인과의 대화를 실시간으로 번역해 줍니다.

- 기계 번역의 중요성은 무엇인가요?

　기계 번역은 세계 각국의 사람들이 서로 소통하고, 다양한 문화와 지식을 공유할 수 있게 해 줍니다. 언어 장벽을 넘어서 서로 더 가까워질 수 있게 도와주는 멋진 기술입니다.

자연어 처리의 요약 기능

- 요약 기능은 어떻게 작동하나요?

　자동 요약 기능은 자연어 처리 방법을 통해 주어진 문서에서 핵심 내용을 포함한 문장을 찾도록 설계됩니다. 이 기술은 컴퓨터가 글을 읽고 중요한 주제나 키워드를 찾아내어, 이를 바탕으로 글의 주요 내용을 간단하게 요약해 줍니다. 요약은 크게 두 가지 방식으로 이루어집니다. 첫 번째, 추출 기반 요약은 글에서 중요한 문장이나 구절을 그대로 뽑아내어 요약문을 만드는 방식입니다. 두 번째, 생성 기반

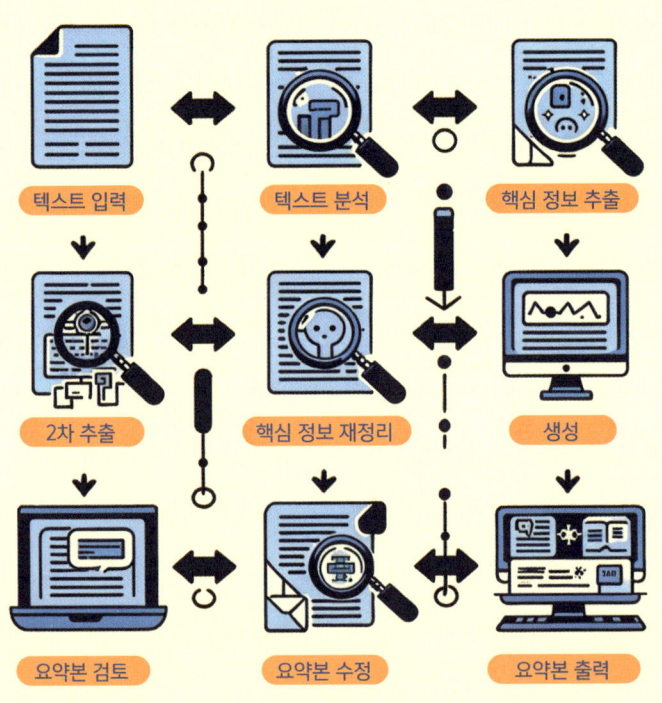

요약은 글의 주요 내용을 바탕으로 새로운 요약문을 만들어 더 자연스러운 요약을 제공합니다.

• 요약 기능의 중요성은 무엇인가요?

자연어 처리의 요약 기능은 우리가 많은 정보 속에서 중요한 내용을 빠르게 파악할 수 있게 해 줍니다. 이는 뉴스 기사, 학술 자료, 비즈니스 보고서 등 다양한 상황에서 정보 처리 속도를 크게 향상시켜 줍니다. 앞으로 요약 기술이 더욱 발전하면, 우리는 필요한 지식을 더 빠르게 얻고 활용할 수 있어요. 학습, 연구, 비즈니스 의사 결정 등 여러 분야에서 큰 변화를 가져올 것입니다.

어텐션

어텐션(Attention)은 컴퓨터가 텍스트나 이미지에서 중요한 부분에 집중하도록 도와주는 기술입니다. 입력 데이터의 특정 부분에 큰 가중치를 두어 주의를 집중시킵니다.

• 어텐션은 어떻게 작동하나요?

　어텐션은 문장이나 이미지에서 중요한 정보를 찾아내는 과정입니다. 예를 들어, 컴퓨터는 문장 속 모든 단어를 다루지만, 어텐션 메커니즘을 사용하면 중요한 단어에 더 많은 주의를 기울이게 됩니다. 이때 각 단어가 문장에서 얼마나 중요한지를 계산해, 중요한 단어에 더 큰 가중치를 부여합니다. 이를 통해 컴퓨터는 문맥을 더 정확하게 이해할 수 있어요.

• 어텐션은 어디에 사용되나요?

　어텐션은 다양한 인공지능 응용 분야에서 핵심 역할을 합니다. 번역에서는 원문과 번역문 사이의 연관성을 잘 파악해 더 자연스러운 번역을 가능하게 합니다. 문장 생성에서는 중요한 단어나 문장을 강조해 글의 흐름을 자연스럽게 이어 가도록 도와줘요. 음성 인식에서는 말 속에서 중요한 단어를 추출해 더 정확한 텍스트 변환을 가능하게 하고, 이미지 캡션 생성에서는 이미지의 주요 부분에 집중해 더 의미 있는 설명을 생성합니다. 트랜스포머(Transformer) 모델에서 어텐션은 필수적인 요소로, 번역, 챗봇, 요약 등 자연어 처리 작업에서 탁월한 성능을 발휘합니다.

• 어텐션의 중요성은 무엇인가요?

어텐션의 가장 큰 장점은 컴퓨터가 긴 문장이나 복잡한 데이터에서 중요한 부분을 빠르고 정확하게 찾을 수 있다는 점입니다. 이 덕분에 인공지능이 더 효율적으로 작동하고, 사람들에게 더 유용한 정보를 제공할 수 있게 되었어요.

5장

컴퓨터 비전
↳ 이미지를 이해하는 인공지능의 힘

A 허브는 최신 컴퓨터 비전 기술이 적용된 혁신적인 공간으로, 벽면에는 이미지 인식 및 처리 알고리즘이 시각적으로 표현되어 실시간으로 변화하고 있었다. 공간 중앙에는 대형 인터랙티브 스크린이 설치되어 있어, 사용자가 직접 이미지를 업로드하고 다양한 컴퓨터 비전 모델을 적용해 볼 수 있었다. 공중에는 홀로그래픽 디스플레이가 떠다니며, 이미지 분류, 객체 검출, 영상 처리 등의 과정이 실시간으로 시각화되고 있었다.

A 허브의 오후 햇살 아래에서, 지수와 우주는 알렉스의 컴퓨터 비전에 대한 설명에 귀 기울였다. 창밖의 석양 빛이 컴퓨터 화면 위로 부드럽게 흘러들어 왔다.

"컴퓨터 비전이란 인공지능이 사진이나 동영상을 분석하고 이해하는 기술을 말해요."

알렉스가 설명을 시작했다.

"이 기술을 사용하면 컴퓨터는 이미지 속의 물체를 식별하고, 세밀하게 분석하여 의미 있는 정보를 추출할 수 있어요."

우주는 호기심 가득한 눈빛으로 질문을 던졌다.

"인공지능은 어떻게 이미지 안의 다양한 물체나 장면을 구분할 수 있어요?"

알렉스는 우주의 질문에 답하면서 설명을 계속했다.

"인공지능은 이미지를 구성하는 여러 요소들, 예를 들어 색상, 형태, 질감 등을 분석하여 물체를 인식해요. 또한, 사진의 스타일이나 분위기를 파악하여 사진이 전달하려는 감정이나 메시지를 더 깊이 이해할 수 있죠."

지수는 잠시 생각을 정리한 뒤 말했다.

"인공지능이 사진을 예술적으로 재해석하고, 그 속에 담긴 더 깊은 의미를 발견할 수 있겠군요."

"맞아요. 컴퓨터 비전은 사진을 자동으로 개선하고, 다양한 효과를 적용함으로써 창작 활동을 더욱 풍부하게 만들어 줘요. 이 기술을 활용하면 표현의 범위를 창의적으로 넓힐 수 있죠."

알렉스의 설명에 이어 지수는 컴퓨터 비전 기술의 다양한 적용 가능성에 대해 질문했다.

"알렉스, 이 컴퓨터 비전 기술을 우리가 참여하는 사진 대회 작품에 적용할 수 있을까요?"

알렉스는 활기차게 대답했다.

컴퓨터 비전 기술은 얼굴 인식, 자율 주행, 산업용 로봇 등에 쓰인다.

"물론이에요! 컴퓨터 비전을 활용하면 사진 속 숨겨진 미묘한 특성과 감정을 더욱 정밀하게 포착할 수 있어요. 객체 인식과 패턴 분석을 통해 사진이 담고 있는 이야기를 더 깊이 해석할 수 있어요."

알렉스는 우주와 지수에게 컴퓨터 비전 인공지능에 대한 깊이 있는 가이드를 제공했다. 컴퓨터가 사진 속 세밀한 특징과 감정을 인식하고 분석할 수 있도록, 객체 인식과 패턴 분석 기술을 집중적으로 설명했다.

프로젝트에 컴퓨터 비전 적용

지수와 우주는 다가올 사진 경연 대회 준비에 몰두했다. 그들은 사진 작품에 독창적인 시각적 효과를 추가하기 위해 컴퓨터 비전 기술을 활용하기로 결정했다.

우주는 사진 촬영 장비를 챙겨 학교 정원으로 향하며, 기대 섞인 목소리로 지수에게 말했다.

"이 기술을 이용하면 콘테스트에서 독특한 작품을 선보일 수 있겠어."

그들은 정원의 꽃과 나비, 그리고 학교 풍경을 여러 각도에서 촬영했다.

촬영을 마친 후, 지수는 사진을 컴퓨터에 업로드하고 컴퓨터 비전을 실행했다.

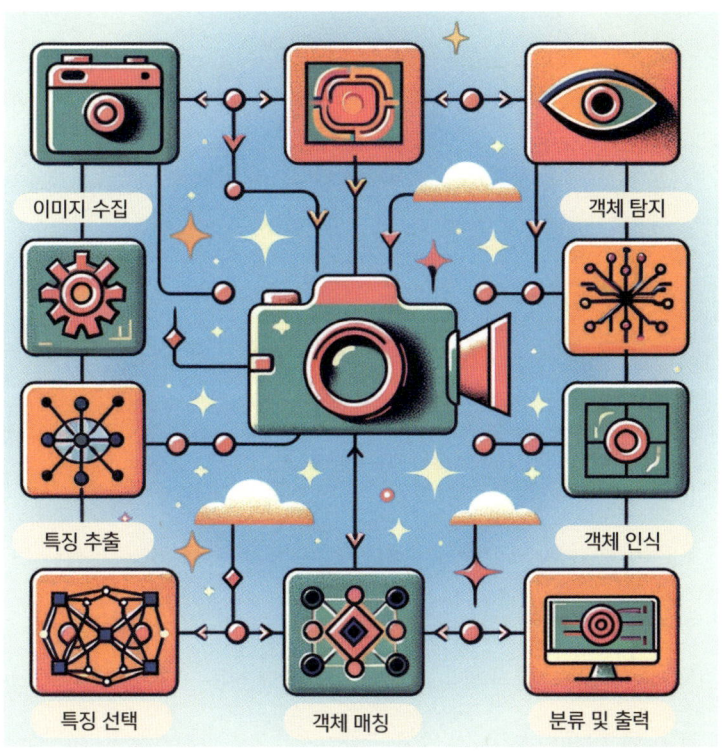

컴퓨터 비전 시스템은 이미지를 처리하고 분석하여 유용한 정보를 추출하고, 이를 기반으로 정확한 결정을 내린다.

"인공지능이 우리의 사진을 분석하고, 객체 인식과 패턴 분석을 통해 숨겨진 이야기를 드러내 줄 거야."

지수와 우주는 컴퓨터 비전이 만들어 줄 사진의 변화와 새로운 차원의 아름다움을 기대하며 화면을 지켜보았다.

그러나 곧바로 그들은 한계에 직면했다. 컴퓨터 비전은 나비와 같은 작은 객체를 올바르게 인식하지 못했으며, 예상과 달리 복잡한 패턴 분석도 쉽지 않았다. 우주는 혼란스러운 표정으로 지수에게 말했다.

"이상해, 소프트웨어가 나비를 제대로 식별하지 못하고 있어. 이런 오류가 있을 줄은 몰랐네."

지수는 심각한 표정을 지었다.

"우리가 컴퓨터 비전을 충분히 이해하지 못해서 이런 문제가 발생할 수도 있어."

지수는 곧바로 해결책을 찾기 위해 알렉스를 호출하기로 결정했다. 지수가 컴퓨터 앞으로 다가가며 말했다.

"알렉스, 우리 좀 도와줘요. 소프트웨어가 나비를 제대로 식별하지 못하고 있는데, 아마 우리가 컴퓨터 비전을 충분히 이해하지 못해서 그런 것 같아요."

지수의 목소리에는 약간의 긴장감이 있었지만, 동시에 알렉스의 도움을 받을 수 있다는 기대감도 담겨 있었다.

그 순간, 알렉스는 중요한 조언을 했다.

"컴퓨터 비전은 단순한 기술이 아니에요. 이는 복잡한 알고리즘이며, 충분한 데이터를 필요로 해요. 특히 이미지를 예술적으로 분석하는 것은 더 큰 도전일 수 있습니다. 또한 여러분이 현재 겪고 있는 어려움은 컴퓨터 비전 기술의 한계일 수도 있어요."

알렉스가 설명을 마치자 에너지 점수판은 '초기 에너지: 40', '에너지 변화: -20', '남은 에너지: 20'으로 업데이트되어 현재 보유한 총 에너지를 보여 주었다.

지수와 우주는 알렉스의 조언에 공감하며, 컴퓨터 비전 기술의 복잡성과 한계에 대해 더욱 이해하게 되었다.

40 -20 20

우주와 지수는 도시 곳곳을 탐험하며 카메라로 그 아름다움을 포착했다. 낡은 건물의 질감, 골목의 그림자, 일상의 디테일이 그들의 작품에 생명을 불어넣었다.

우주는 촬영한 사진을 들여다보며 감탄했다.

"이 사진은 단순한 이미지를 넘어 깊은 의미를 담고 있어. 우리가 찾아내려 했던 도시의 숨은 아름다움이 이곳에 잘 반영되어 있어."

지수는 사진을 컴퓨터 비전으로 분석하려고 했지만, 다시 한번 기술적 한계에 부딪혔다. 인공지능이 사진 속 복잡한 감정과 질감을 해석하는 데 어려움을 겪었다.

우주는 실망한 목소리로 말했다.

"이 인공지능은 우리가 전달하려는 감정의 미묘한 차이를 파악하지 못하는 것 같아. 이 사진들은 건물이나 그림자를 넘어 시간과 이야기를 담고 있는 객체라는 것을 이해하지 못하는 것 같아."

지수는 실망한 듯 깊이 생각하다가 말했다.

"어쩌면 우리가 인공지능에 너무 많은 것을 기대하는지도 몰라. 인공지능도 결국 인간이 제공한 데이터로 학습하는 거니까, 예술성을 완전히 이해하는 건 쉽지 않을 수 있어. 이를 위해서는 더 많은 노력이 필요하겠어."

A 허브의 조용한 분위기 속에서 우주와 지수는 사진 대회 준비에

집중했다. 우주가 찍은 도시 풍경 사진은 그 도시의 숨겨진 아름다움을 섬세하게 포착했다. 컴퓨터 비전 인공지능의 도움으로 사진은 더욱 눈에 띄게 되었다. 우주는 사진의 색상 대비와 밝기를 조절하면서 고민에 빠졌다.

"이 건물의 역사적 가치와 느낌을 어떻게 더 잘 드러낼 수 있을까?"

사진 대회에 출품하기 위해서는 피사체의 역사와 감정을 깊이 있게 담아야 했고, 우주는 이 부분에서 한계를 느꼈다. 지수와의 대화에서도 해결책을 찾기 어려웠다.

지수도 진지하게 생각하다가 제안했다.

"알렉스의 도움을 받으면 이 문제를 해결할 수 있을지도 몰라. 정말 필요한 일이야."

우주는 인공지능을 사용하면 사진 속 피사체의 역사와 느낌을 표현할 수 있을지 알렉스에게 물었다.

"사진의 기술적 품질은 인공지능이 개선할 수 있지만, 그 건물의 역사나 감정은 여러분이 담아내야 해요. 창의력을 발휘하면 사진에 깊이와 의미를 부여할 수 있어요."

알렉스가 설명을 마치자 에너지 점수판은 '초기 에너지: 20', '에너지 변화: -20', '남은 에너지: 0'으로 업데이트되어 현재 보유한 총 에너지를 보여 주었다.

지수는 알렉스의 말에 공감했다.

"우리의 감정과 생각을 이미지에 담으면, 그 사진이 더욱 풍부한 이야기를 전달할 수 있을 거예요."

A 허브 벽면 화면이 밝아지며 중앙에 다채로운 색상들이 다양한 방향으로 뻗어 나가며 창의력의 폭발을 보여 주었다. 중심에서 빛나는 밝은 빛은 독창적인 아이디어의 탄생을 표현했다.

에너지 점수판은 '초기 에너지: 0', '에너지 변화: +10', '남은 에너지: 10'으로 업데이트되어 현재 보유한 총 에너지를 보여 주었다.

두 사람은 시장 사진에 생동감을 담는 작업을 진행했다. 우주는 사진 속 인물들

의 상호 작용을 강조했고, 지수는 그 장면에 생명을 불어넣는 이야기를 더했다. 컴퓨터 비전 인공지능이 사진을 기술적으로 개선했지만, 그 의미와 감성은 우주와 지수의 해석으로 완성되었다.

공원에서 촬영한 사진에도 인공지능이 사용되었다. 인공지능은 자연의 아름다움을 강조했고, 우주는 자신이 느낀 평화로움을 설명으로 추가해 사진에 감성적인 깊이를 더했다.

강력한 시각적 메시지를 창조하기 위해서 인공지능의 기술적 능력과 인간의 예술적 감성이 어떤 역할을 하는지 우주와 지수가 보여주었다. 그들의 작업은 단순한 이미지를 넘어서 각각의 시간과 공간이 지닌 독특한 이야기와 감정을 전달했다.

컴퓨터 비전의 한계와 창의적 해결

우주는 컴퓨터 화면을 응시하며 말했다.

"인공지능이 우리의 작품을 개선해 주지만, 진정한 예술의 가치는 우리의 창조성에서 비롯된다는 것을 잊지 말아야 해."

인공지능의 역량과 인간의 창의성이 서로 보완하여 강화하며 시너지를 만든다.

지수는 우주의 생각에 공감했다.

"인공지능은 우리의 표현을 넓히고 이해를 깊게 해 주는 도구일 뿐이야. 진정한 깊이와 의미는 우리가 만들어 내는 거야."

그녀의 목소리에는 확신이 묻어났다.

알렉스는 부드러운 미소를 지었다.

"여러분이 인공지능의 한계를 인식하고 이를 넘어설 수 있는 창의적 방법을 찾아가는 과정이 정말 인상적이에요. 기술과 예술이 서로를 보완하며 만들어 내는 결과물이 얼마나 멋진지 여러분이 보여 주었어요."

사진 대회 당일, 지수와 우주의 작품은 관람객들에게 큰 감동을 안겼다. 그들의 사진은 단순한 이미지를 넘어, 순간순간에 생명력을 부여한 예술 작품으로 평가받았다.

우주는 지수를 바라보며 말했다.

"우리는 기술과 창의력의 결합을 통해 정말 특별한 작품을 만들어 냈어. 이 경험을 통해 기술만으로는 해결할 수 없는 문제들이 있으며, 그 한계는 인간의 창의성으로 극복할 수 있다는 것을 깨달았어."

그의 눈은 성취감과 함께 자부심으로 빛났다.

지수는 우주의 말에 따뜻한 미소를 지었다.

"그래, 우리 작품이 이런 반응을 얻을 수 있었던 것은 우리가 인공지능의 도움을 받았기 때문이지. 이번 프로젝트는 기술과 예술이 결합될 때 얼마나 멋진 결과를 만들어 낼 수 있는지 보여 주었어."

A 허브 벽면 화면이 밝아지며 중앙에 다양한 크기와 모양의 톱니바퀴들이 서로 맞물려 돌아가는 이미지가 나타났다. 이 톱니바퀴들은 서로 긴밀하게 연결되어 있으며, 각기 다른 역할을 수행하면서도

조화롭게 움직이는 팀워크를 상징했다.

에너지 점수판은 '초기 에너지: 10', '에너지 변화: +10', '남은 에너지: 20'으로 업데이트되어 현재 보유한 총 에너지를 보여 주었다.

컴퓨터 비전의 창의적 적용과 실생활 응용

지수와 우주는 알렉스와 함께 컴퓨터 비전 기술이 우리 일상에 어떤 변화를 가져오고 있는지에 대해 흥미진진한 대화를 나누었다.

"사실, 컴퓨터 비전 기술은 이미 우리 생활 곳곳에서 활용되고 있어요."

알렉스가 말했다.

"예를 들어, 스마트폰의 얼굴 인식 기능이 컴퓨터 비전을 이용한 대표적인 사례예요."

지수는 새로운 사실을 알게 된 듯 눈을 반짝이며 말했다.

"정말이에요? 저는 스마트폰 잠금 해제를 위해 얼굴 인식 기능을 자주 사용하는데, 그게 컴퓨터 비전 덕분이었군요!"

그들은 이 기술이 자율 주행 차량, 스마트 시티 개발, 환경 보호 등 다양한 분야에서 어떻게 혁신을 주도하고 있는지 더 깊이 토론했다.

"실제로, 스마트 시티에서 컴퓨터 비전의 역할은 매우 중요해요. 교통 흐름을 개선하는 시스템이나 공공 안전을 위한 스마트 CCTV 같은 기술은 모두 이를 활용하고 있어요."

알렉스가 이야기를 확장하여 농업 분야에서의 컴퓨터 비전 활용에 대해 언급했다.

"작물의 건강 상태를 모니터링하고 병해충을 조기에 감지하는 데 컴퓨터 비전이 큰 도움을 주고 있어요."

지수는 흥미로워하며 말했다.

"그렇다면 농부들이 더 효과적으로 작물 관리를 할 수 있겠군요. 기술이 농업의 생산성과 지속 가능성을 높이는 데 기여하는 거네요."

마지막으로, 알렉스는 환경 보호 분야에서 컴퓨터 비전의 활용을 언급했다.

"야생동물 모니터링이나 생태계 변화 추적에도 컴퓨터 비전이 사용되고 있어요. 이를 통해 우리는 자연을 더 잘 이해하고 보호할 수 있어요."

우주는 깊은 인상을 받으며 말했다.

"정말 놀라워요. 컴퓨터 비전이 단지 이미지 분석을 넘어서 우리 삶의 많은 부분에 긍정적인 영향을 미치고 있네요."

알렉스는 미소를 지으며 대답했다.

"맞아요. 하지만 기술이 발전함에 따라 윤리적인 고려도 중요해요.

기술이 어떻게 사용되느냐에 따라 긍정적인 영향뿐만 아니라 부정적인 영향도 있을 수 있거든요. 다음 모험에서는 이러한 윤리적 문제들과 인공지능의 책임에 대해 더 깊이 탐구해 보죠."

지수도 미소를 지으며 기대감을 표했다.

"지금까지 인공지능 기술의 놀라운 가능성을 배웠다면, 이제는 어떻게 올바르게 사용할지에 대해 배우게 되겠네요."

알렉스의 AI LAB

컴퓨터 비전

컴퓨터 비전은 컴퓨터가 인간의 시각 능력을 모방하여 디지털 이미지나 비디오에서 정보를 추출하고 해석하는 기술입니다. 이를 통해 컴퓨터는 인간의 시각과 관련된 다양한 작업을 자동화할 수 있어요.

• 객체 인식이란 무엇인가요?

컴퓨터 비전 시스템은 이미지나 비디오에서 사람, 자동차, 동물과 같은 특정 객체를 인식하고 식별할 수 있어요. 이 기능은 보안 시스템에서 사람을 인식하거나, 자율 주행 자동차가 도로의 차량과 보행자를 감지하는 데 활용됩니다.

- 이미지 분류란 무엇인가요?

　컴퓨터는 이미지를 특정 카테고리로 분류할 수 있어요. 예를 들어, 사진이 고양이인지, 개인지, 또는 다른 사물인지를 자동으로 판별합니다. 이는 대규모 이미지 데이터베이스를 관리하거나 소셜 미디어에서 사진을 자동으로 태그하는 데 유용합니다.

- 장면 이해란 무엇인가요?

　컴퓨터는 전체 이미지나 비디오의 장면을 분석하여, 그 안에 포함된 객체와 그 관계를 이해할 수 있어요. 예를 들어, 주차된 자동차, 도로 표지판, 신호등 등을 식별하고 그 의미를 분석합니다. 이는 자율 주행 자동차가 도로 상황을 이해하고 안전하게 주행하는 데 중요한 역할을 합니다.

데이터 학습

컴퓨터 비전 시스템이 이미지를 정확하게 분석하고 이해하기 위해서는 데이터 학습이 필수적입니다. 데이터 학습은 컴퓨터 비전 모델이 방대한 양의 데이터를 바탕으로 시각적 패턴을 인식하고, 이를 통해 예측 능력과 분류 능력을 개발하는 과정입니다. 컴퓨터는 이미지나 비디오 데이터를 반복적으로 학습하며, 점점 더 정교하고 정확한 성능을 갖추게 돼요.

• **데이터 세트는 어떻게 준비되나요?**

데이터 학습의 첫 번째 단계는 데이터 세트를 준비하는 것이에요. 컴퓨터 비전 시스템은 대규모 데이터 세트를 통해 학습되는데, 이 데이터 세트에는 다양한 이미지나 비디오가 포함돼요. 각각의 이미지에는 '고양이', '자동차'와 같은 객체를 나타내는 레이블이 달려 있어요. 이러한 데이터 세트는 모델이 학습하는 데 필수적인 역할을 합니다.

- **훈련 과정은 어떻게 진행되나요?**

  신경망과 같은 기계 학습 모델은 데이터 세트를 사용해 훈련됩니다. 모델은 입력된 이미지와 그에 해당하는 레이블 간의 관계를 학습하며, 이를 통해 이미지의 특징을 파악해요. 예를 들어, 수천 장의 고양이 이미지를 학습한 모델은 고양이의 형태, 털 패턴 등 공통된 특징을 인식할 수 있게 됩니다.

- **오차는 어떻게 최소화되나요?**

  훈련 과정 중 모델은 예측한 결과와 실제 레이블 간의 오차를 계산합니다. 이 오차를 줄이기 위해 모델의 파라미터(가중치와 편향)가 지속적으로 조정됩니다. 이를 통해 모델은 점점 더 정확하게 이미지의 내용을 예측할 수 있게 되고, 학습이 진행될수록 성능이 향상돼요.

패턴 인식

패턴 인식은 컴퓨터 비전 시스템이 이미지를 분석하고, 그 안에 포함된 정보를 해석하는 핵심 과정입니다. 이 과정에서 컴퓨터는 이미지의 다양한 시각적 요소를 인식하고, 이를 통해 객체를 식별하거나 이미지를 분류합니다. 패턴 인식은 컴퓨터가 학습된 데이터를 바탕으로 새로운 이미지를 이해할 수 있게 하는 중요한 역할을 합니다.

• 컴퓨터는 이미지를 어떻게 분석하나요?

패턴 인식의 첫 번째 단계는 특징 추출입니다. 학습된 모델은 이미지의 다양한 특징을 인식합니다. 여기에는 선, 모서리, 색상, 질감, 형태 등 다양한 시각적 요소가 포함됩니다. 모델은 이 특징들을 결합하여 복잡한 패턴을 인식해요. 예를 들어, 고양이의 얼굴, 몸의 윤곽 등을 인식해요.

• 컴퓨터는 어떻게 객체를 식별하나요?

특징 추출 후, 모델은 이 특징들이 어떤 객체에 해당하는지를 예측합니다. 이 과정에서 모델은 이전에 학습한 패턴과 입력된 이미지의 패턴을 비교합니다. 예를 들어, 고양이의 털 패턴, 귀의 모양 등이 고양이 이미지에서 자주 나타나는 패턴이라면, 모델은 이 특징들을 바탕으로 해당 이미지가 고양이임을 인식하게 됩니다.

• 컴퓨터는 어떻게 결정을 내리나요?

패턴 인식을 통해 모델은 최종 결론을 도출합니다. 예를 들어, '이 이미지에는 고양이가 있다'는 식으로 이미지를 분류하거나, '이 부분은 도로 표지판이다'라고 인식합니다. 이렇게 도출된 결론은 컴퓨터 비전 시스템이 다양한 응용 분야에서 정확한 결정을 내리는 데 중요한 역할을 합니다.

예술적 이미지 분석

예술적 이미지 분석은 컴퓨터 비전 기술을 활용해 예술 작품의 시각적 요소를 이해하고 해석하는 과정입니다.

이 분석은 예술 작품의 스타일, 색상, 구성 등을 자동으로 분석하여, 작품의 특징을 파악하거나 다른 작품과 비교할 수 있게 해 줍니다.

• 예술 작품의 스타일을 어떻게 식별하나요?

컴퓨터 비전 시스템은 예술 작품의 스타일을 분석하기 위해 색상, 브러시 스트로크, 형태 등의 시각적 특징을 학습해요. 이를 통해 특정 화가의 스타일을 식별하거나, 작품의 시대적 특성을 파악할 수 있습니다.

• 작품의 구성 요소를 어떻게 이해하나요?

패턴 인식을 통해 작품의 구성 요소와 그 관계를 이해합니다. 예를 들어, 인물화에서 얼굴의 위치와 표현을 분석하거나, 추상화에서 색상의 배치를 이해할 수 있어요. 이를 통해 작품의 의미나 의도를 파악하는 데 도움을 줍니다.

• 다른 작품과의 유사성을 어떻게 평가하나요?

컴퓨터 비전 시스템은 예술 작품 간의 유사성을 비교 분석할 수 있습니다. 이를 통해 작품이 어떤 화가의 영향을 받았는지, 또는 유사한 주제를 다루고 있는지를 평가할 수 있습니다.

합성곱 신경망(CNN)

합성곱 신경망(CNN)은 컴퓨터 비전에서 이미지와 비디오를 분석하고 이해하는 데 사용되는 핵심적인 딥러닝 모델입니다. 합성곱 신경망은 이미지를 계층적으로 처리하며, 각 계층에서 점점 더 복잡한 특징을 학습해요. 이를 통해 컴퓨터는 이미지 내의 패턴을 인식하고, 객체를 정확하게 분류할 수 있게 됩니다.

- 이미지에서 특징을 어떻게 추출하나요?

합성곱 신경망의 첫 번째 주요 구성 요소는 합성곱 계층입니다. 이 계층은 이미지의 작은 영역을 반복적으로 스캔하면서, 각 영역의 특징을 추출해요. 이 과정에서 선, 모서리, 질감 등과 같은 저수준 특징이 감지돼요. 여러 합성곱 계층을 거치면서, 합성곱 신경망은 점점 더 복잡한 패턴을 학습하게 됩니다.

- 합성곱 신경망(CNN)의 이미지 처리는 어떤 과정을 거치나요?

이미지 입력부터 시작하여 합성곱, 풀링, 완전 연결층을 거쳐 최종적으로 객체를 인식하고 분류하는 과정을 밟아요.

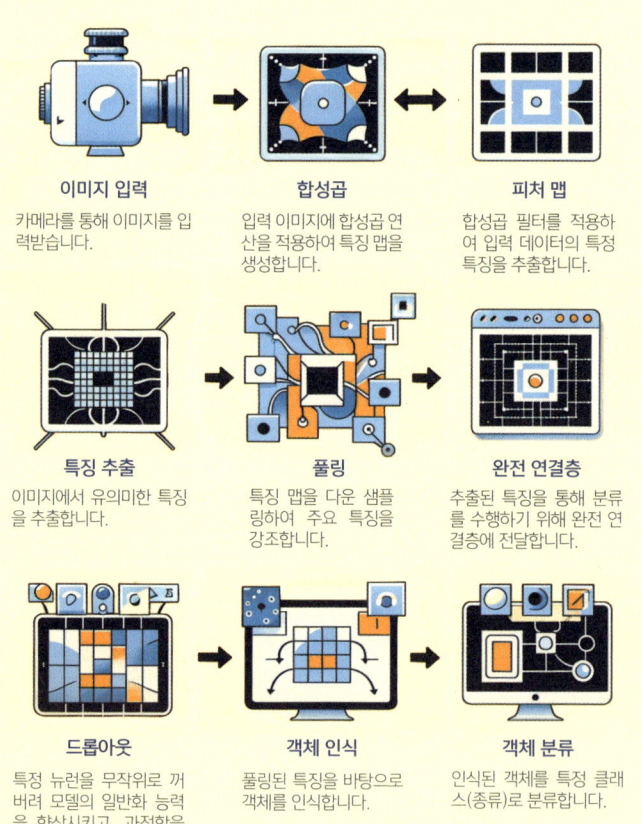

이미지 입력
카메라를 통해 이미지를 입력받습니다.

합성곱
입력 이미지에 합성곱 연산을 적용하여 특징 맵을 생성합니다.

피처 맵
합성곱 필터를 적용하여 입력 데이터의 특정 특징을 추출합니다.

특징 추출
이미지에서 유의미한 특징을 추출합니다.

풀링
특징 맵을 다운 샘플링하여 주요 특징을 강조합니다.

완전 연결층
추출된 특징을 통해 분류를 수행하기 위해 완전 연결층에 전달합니다.

드롭아웃
특정 뉴런을 무작위로 꺼버려 모델의 일반화 능력을 향상시키고, 과적합을 방지합니다.

객체 인식
풀링된 특징을 바탕으로 객체를 인식합니다.

객체 분류
인식된 객체를 특정 클래스(종류)로 분류합니다.

• 정보의 요약은 어떻게 이루어지나요?

합성곱 계층에서 특징이 수출된 후, 풀링 계층에서 정보의 요약이 이루어집니다. 풀링 계층은 이미지의 공간 해상도를 줄이면서 중요한 정보만을 유지해요. 이를 통해 모델의 계산 복잡성을 줄이고, 중요한 특징을 더욱 부각시킬 수 있습니다.

• 최종 결론은 어떻게 도출되나요?

합성곱 신경망의 마지막 단계는 완전 연결층입니다. 이 층에서는 이전 층에서 추출된 특징을 바탕으로 최종 결론을 도출합니다. 모든 뉴런이 서로 연결된 이 층에서, 모델은 이미지를 특정 카테고리로 분류하거나, 객체를 식별하는 결정을 내리게 돼요. 이 과정에서 모델은 학습된 가중치를 사용해 입력 데이터를 분석하고, 최종 출력을 생성합니다.

6장
인공지능의 윤리적 및 사회적 함의

↳ 책임 있는 인공지능 사용을 위한 탐구와 실천

책임감

커뮤니티 및 이해관계자 참여

공정성과 투명성

지속적인 개선과 모니터링

경제적 파급 효과 지속적인 모니터링

보편적인 AI 윤리

학습 데이터의 다양성

A 허브는 인공지능 윤리와 사회적 함의에 관한 최신 연구와 논의가 이루어지는 혁신적인 공간이다. 벽면에는 인공지능의 윤리적 딜레마와 사회적 영향을 시각적으로 표현한 그래프와 인포그래픽이 실시간으로 변화하며 흐르고 있었다. 공간 중앙에는 대형 인터랙티브 스크린이 설치되어 있어 사용자가 다양한 윤리적 시나리오와 사례 연구를 탐색하고 토론할 수 있었다. 공중에는 홀로그래픽 디스플레이가 떠다니며, 인공지능 기술이 사회에 미치는 긍정적 영향과 부정적 영향을 실시간으로 보여 주고 있었다.

햇빛이 연구실 안을 밝게 비추었다. 지수와 우주는 학교에서 열리는 인공지능 윤리 토론회에 참여하기 위해 열심히 준비하고 있었다. 이 행사는 인공지능이 보편화되면서 윤리적, 사회적으로 어떤 변화가 일어날지를 토론하는 자리였다. 지수는 토론 주제를 살펴보며, 지금까지 배운 것과 경험한 것을 바탕으로 의미 있는 토론을 할 수 있을 것 같아 자신감을 느꼈다.

"인공지능 윤리에 대해 많이 듣고 생각해 봤지만, 어떻게 준비해야 할지 잘 모르겠어."

우주의 고민에 지수가 진지한 표정으로 제안했다.

"지금까지 인공지능을 공부하며 경험한 것들을 바탕으로 윤리 문제를 이야기해 보는 게 어떨까?"

우주가 고개를 끄덕였다.

"알렉스, 우리의 체험을 바탕으로 인공지능의 윤리적 문제에 대해 설명해 줄 수 있어요?"

알렉스가 밝게 웃으며 말했다.

"여러분의 경험을 바탕으로 인공지능의 윤리를 함께 살펴보아요."

데이터 프라이버시

알렉스가 이야기를 시작했다.

"자연어 처리 모델을 연구하기 위해 모은 데이터에는 사람들의 주소, 가족 사항, 직장 등 개인 정보가 포함됩니다. 이런 정보를 모으고 사용할 때 개인 정보를 어떻게 보호할지 생각해 본 적이 있나요?"

이 질문을 듣고 지수와 우주는 이런 중요한 문제를 충분히 고려하지 않았다는 것을 깨달았다.

"건강 정보를 사용할 때도 개인 정보를 어떻게 안전하게 보호할지 깊이 생각해 봐야겠네요."

지수도 자신의 생각을 덧붙였다.

"기술을 발전시키고 사용하는 데는 이런 윤리적 고민이 필수적이겠어요. 어떻게 하면 사람들의 개인 정보를 잘 보호

데이터 보안과 개인 정보 보호의 중요성

할 수 있을까요? 이건 우리 모두가 함께 풀어야 할 숙제인 것 같아요."

알렉스가 설명했다.

"인공지능을 모델링할 때는 개인 정보를 어떻게 다룰지 항상 조심해야 해요. 예를 들면, 인공지능 개발에 환자의 정보를 사용할 때는 그 사람의 동의를 받아야 해요."

우주가 조심스럽게 물었다.

"그런데 실제로는 이런 규칙들이 잘 지켜지지 않아요. 우리가 무엇을 해야 할까요?"

알렉스는 진지하게 대답했다.

"그게 우리가 해결해야 할 문제예요. 인공지능을 만드는 사람들뿐만 아니라, 이 기술을 사용하는 모든 사람이 관심을 가져야 해요. 개인 정보를 지키는 기술적으로도 중요하지만, 사용자들도 이런 문제에 대해 경각심을 가져야 해요."

알렉스는 다른 사례를 들었다.

"병원에서 환자들의 정보를 연구에 사용할 때는 개인 신상이 드러나지 않도록 처리해야 해요. 부주의로 인해 문제가 생기면, 환자와 병원 사이의 신뢰가 깨질 수 있어요. 반대로, 연구에 쓰이는 정보와 그 목적을 환자에게 잘 알리고 정보를 철저히 보호하면, 환자와 병원 사이에 더 강한 신뢰가 생길 수 있어요."

우주와 지수는 이 사례를 통해 책임감 있게 인공지능을 사용하는 것이 얼마나 중요한지 알게 되었다.

데이터 편향

"한쪽으로 치우친 데이터를 인공지능 학습에 사용하면, 인공지능이 잘못된 판단을 할 수 있어요. 예를 들어, 건강에 관한 연구에서 특정 그룹의 데이터를 많이 사용하면 그 결과가 다른 사람들에게는 맞지 않을 수 있어요. 이렇게 데이터가 한쪽으로 치우치면, 인공지능이 내리는 결정이 편파적일 수 있어요. 결국 이런 편향이 있으면 인공지능을 믿고 사용하는 것이 어려워질 수 있습니다."

지수가 진지하게 고민하며 말했다.

"인공지능이 모든 사람에게 도움이 되려면 다양한 데이터를 사용해야 하겠네요. 그래야 인공지능이 더 공정하고 포괄적인 결정을 내릴 수 있겠어요."

"맞아요, 다양한 데이터를 사용하면 인공지능이 더 많은 사람들에게 유익할 수 있을 거예요. 우리가 데이터를 모을 때 이런 점을 항상 염두에 둬야겠어요."

알렉스는 그들의 생각을 칭찬했다.

"이렇게 깊이 생각하는 여러분의 모습이 정말 인상적이에요. 윤리적 문제를 고려하며 인공지능을 개발하는 것은 매우 중요합니다."

AI를 학습 시키는 데 사용되는 데이터는 특정한 계층, 성별, 인종, 국가 등에 편향되어서는 안 된다.

인공지능 알고리즘에서의 편견과 공정성 문제

알렉스는 컴퓨터 비전에서도 비슷한 문제가 발생할 수 있다고 말했다.

"컴퓨터 비전으로 사진을 식별할 때, 인공지능이 특정 종류의 사진만 더 잘 알아볼 수도 있어요. 이렇게 되면 우리가 아는 세상이 한쪽으로 치우칠 수 있습니다."

지수와 우주는 알렉스의 말을 듣고, 인공지능이 미술 작품을 평가할 때 어떻게 해야 공평할 수 있을지 생각했다.

"인공지능이 모든 그림을 공정하게 봐야만 그림의 진짜 의미를 알아차릴 수 있겠어요."

지수의 말에 우주가 덧붙였다.

"그림이 제대로 평가받으려면, 인공지능이 어떤 그림도 편애하지 않도록 해야 해요. 그래야 창작물이 진정한 가치를 인정받을 수 있어요."

알렉스는 그들의 의견에 동의했다.

"맞아요. 인공지능이 모든 종류의 그림을 객관적으로 평가할 수 있어야 해요. 만약 인공지능이 특정 스타일의 그림만 선호한다면, 다른 멋진 그림들이 제대로 평가받지 못할 수 있어요."

우주는 이 문제에 대해 더 깊이 생각해 보았다.

"다양한 그림을 객관적으로 평가하게 하려면 인공지능이 다양한 스타일을 인식할 수 있도록 해야겠네요."

알렉스는 그들의 의견에 동의하며 조언을 덧붙였다.

"맞아요, 인공지능을 모델링할 때는 다양한 그림을 학습시켜 인공지능이 그림을 평가할 때 최대한 공정하게 판단할 수 있도록 해야 해요. 이를 위해 여러 스타일과 주제를 포함한 다양한 데이터 세트로 인공지능을 훈련시키는 것이 중요해요. 또한, 인공지능이 편향되지 않도록 정기적으로 평가하고, 필요한 경우 재학습하는 과정이 필요해요. 이렇게 하면 인공지능은 지속적으로 학습하고 개선되어, 다양한 상황에서도 정확하고 공정한 판단을 내릴 수 있게 돼요. 결국, 인공지능이 모든 그림을 공평하게 보고, 다양한 문화적 배경과 예술적 표현을 이해할 수 있게 될 거예요."

인공지능의 사회적 영향

알렉스는 지수와 우주에게 비디오 게임에서 인공지능을 활용할 때 발생할 수 있는 문제점에 대해 물었다.

"게임에서 인공지능을 활용하면 모든 게임 참가자에게 공평하지 않을 수 있어요. 예를 들어, 경제적으로 여유가 없어 인공지능에 접근하기 어려운 사람들은 불리할 수 있어요. 또한, 인터넷 속도가 느린 지역에 사는 사람들 역시 게임에서 불리한 위치에 처할 수 있어요."

지수는 약간 걱정스러운 목소리로 대답했다.

"그런 상황에 대해 진지하게 생각해 보지 않았어요. 만약 모든 사람이 게임에서 인공지능을 사용할 기회를 가지지 못한다면, 기술이 없는 사람들은 오히려 더 불리해질 수 있겠네요."

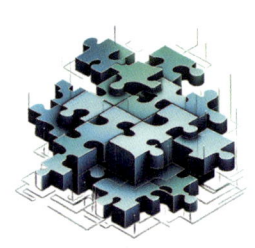

A 허브 벽면 화면이 밝아지며 중앙에 서로 맞물려 있는 퍼즐 조각들이 나타났다. 이 퍼즐 조각들은 서로 맞춰지며 완성된 그림을 이루는 듯한 모습으로, 문제를 해결하는 과정을 상징했다.

에너지 점수판은 '초기 에너지: 20', '에

너지 변화: +10', '남은 에너지: 30'으로 업데이트되어 현재 보유한 총 에너지를 보여 주었다.

우주는 문제를 해결하기 위한 아이디어를 제안했다.

"게임을 만들 때 인공지능이 어떻게 사용될지 미리 생각해 봐야 해요. 돈이나 인터넷 속도에 상관없이 모든 사람이 재미있게 게임을 할 수 있는 방법을 찾아야 해요."

알렉스가 지수와 우주에게 인공지능이 야기할 수 있는 다른 문제에 대해 이야기했다.

"인공지능은 많은 장점을 가지고 있지만, 그로 인해 일자리가 줄어들거나 인공지능을 사용하지 못하는 사람들이 더 큰 어려움을 겪을 수 있어요. 이런 문제들은 모두가 함께 고민하여 해결해야 해요."

"인공지능이 만드는 문제들을 어떻게 해결할 수 있을까요? 특히 일자리가 줄어 실직자가 많이 늘어나면 어떻게 대처해야 하나요? 인공지능을 사용하지 못하는 사람들과의 격차가 더욱 커지면 어떻게 해야 하죠?"

알렉스는 잠시 생각한 후, 질문에 답했다.

"일자리가 줄어들면 우선적으로 새로운 기술과 인공지능에 맞는 직업을 만드는 것이 중요해요. 반복적이거나 단순한 일은 인공지능이 대체할 수 있지만, 여전히 사람만이 할 수 있는 일들이 많아요. 예를 들어, 창의력이 필요한 직업이나 감정을 다루는 직업들은 여전히 사람의 역할이 중요해요. 우리는 사람들이 인공지능과 협력해서 새로운 직업을 준비할 수 있게 교육과 재교육을 강화해야 해요."

이때 지수가 추가 질문을 던졌다.

"그럼, 인공지능 때문에 일자리가 사라지면 모든 사람이 재교육을 받을 수 있나요? 인공지능을 사용하지 못하는 사람들은 어떻게 해야 하죠?"

알렉스는 고개를 끄덕이며 답했다.

"좋은 질문이에요. 모든 사람이 기술에 쉽게 접근할 수 있도록 하는 것이 중요해요. 정부와 기업이 기술 교육을 지원하고, 인터넷이나 디지털 기기를 이용할 수 없는 사람들을 돕는 시스템을 마련해야 해요. 또한, 사회 안전망을 강화해 일시적으로 실직한 사람들이 새로운 기술을 배우고 적응할 시간을 가질 수 있도록 해야 해요. 이는 단순히 한 나라의 문제가 아니라, 전 세계적으로 협력해야 할 문제예요."

우주는 고개를 살짝 갸웃거리며 질문했다.

"사회 안전망이라는 게 정확히 무엇인가요? 어떻게 사람들을 도울 수 있죠?"

알렉스가 답했다.

"사회 안전망은 사람들이 어려운 상황에 처했을 때, 도움을 받을 수 있도록 마련된 제도나 시스템이에요. 예를 들어, 실업 급여가 대표적인 사회 안전망 중 하나예요. 사람이 일자리를 잃으면 새로운 일자리를 찾는 동안 생활에 필요한 돈을 지원해 주는 것이죠. 이를 통해 사람들이 생계를 유지하면서 새로운 기술을 배우거나, 재교육을 받을 수 있어요. 사회 안전망은 단순히 경제적 지원만이 아니라, 교육 기회와 심리적 지원 등도 포함돼요."

우주는 고개를 끄덕이며 말했다.

"그렇다면, 인공지능으로 인해 실직한 사람들도 새로운 직업을 준비할 수 있는 시간을 가질 수 있겠어요."

A 허브 벽면 화면이 밝아지며 중앙에 손바닥 위에 자리 잡은 푸른 나무 이미지가 나타났다. 손바닥은 사람의 돌봄과 배려를

교육을 통해 누구나 AI의 혜택을 누릴 수 있어야 한다.

나타내며, 나무는 자연의 생명력과 풍요로움을 상징했다. 이 이미지는 인간 존중과 자연 존중의 가치를 시각적으로 강조했다.

에너지 점수판은 '초기 에너지: 30', '에너지 변화: +10', '남은 에너지: 40'으로 업데이트되어 현재 보유한 총 에너지를 보여 주었다.

알렉스가 인공지능 사용법에 대한 교육의 중요성을 설명하자, 지수와 우주는 더욱 고무되어 대화를 이어갔다.

"인공지능을 제대로 알아야 우리 삶에 더 긍정적인 변화를 가져올 수 있어요. 모두가 인공지능의 혜택을 누릴 수 있도록 교육하는 것이 중요해요."

30   10   40

지수의 의견에 우주도 공감했다.

"맞아요. 모든 사람이 인공지능을 사용할 수 있도록 하려면 정부가 직접 나서야 해요. 인공지능 교육 기회를 더 많이 제공하면 많은 사람들에게 큰 도움이 될 거예요."

지수와 우주는 인공지능 기술이 사회에 어떤 변화를 가져올지, 그리고 그 변화를 어떻게 잘 다룰 수 있을지에 대해 고민했다. 두 사람은 인공지능이 만들어낼 혁신을 어떻게 받아들일지, 그리고 그에 따른 도전들을 어떻게 극복할지 토론했다.

토론의 장

학교 강당에서 열린 토론회에서 우주는 지수와 알렉스의 격려 덕분에 발표 준비를 잘 마쳤다. 그는 인공지능 기술을 어떻게 윤리적으로 사용할 수 있을지, 그리고 그 기술이 우리 사회에 어떤 영향을 미칠 수 있는지에 대해 생각했다.

토론회가 진행되면서 모든 참가자들이 자신의 생각을 나눴고, 우주는 다른 사람들의 의견을 주의 깊게 들으며 자신의 차례를 기다렸다.

드디어 우주의 차례가 되었다. 그는 내심 긴장되었지만 결의에 찬 모습으로 발표를 시작했다.

"인공지능의 무한한 가능성을 탐구하는 것은 매우 흥미로워요. 하지만 동시에 그것이 사회에 어떤 영향을 미칠지에 대해서도 고민해야 해요."

그는 확신에 찬 목소리로 이어갔다.

"우리가 인공지능을 만들고 사용할 때는 데이터를 어떻게 다루는지 명확히 해야 해요. 또한, 프로그램이 어떻게 작동하는지 모두가 알 수 있도록 투명하게 공개하는 것이 중요해요. 이렇게 하면 신뢰를 구축할 수 있고, 사람들의 동의를 얻는 것도 훨씬 수월해집니다. 이는 인공지능 기술이 사회적으로 수용되고 책임 있게 사용되기 위해 꼭 필요한 과정입니다."

우주의 발표는 청중들의 마음을 움직였다. 강당에 있던 사람들은 고개를 끄덕이며 우주의 말에 집중했다.

"인공지능이 앞으로 어떻게 발전할지는 우리에게 달려 있어요. 우리는 인공지능이 사회와 개인에게 미칠 영향을 신중히 고민하고, 그것을 어떻게 잘 활용할지 깊이 생각해야 해요."

우주는 큰 박수를 받으며 발표를 마무리했다.

행사가 끝나고, 지수와 우주는 기분 좋게 강당을 나섰다.

"오늘 네가 인공지능에 대해 발표한 것은 정말 중요한 이야기였어. 네 발표 덕분에 많은 것을 생각해 볼 수 있었어."

지수의 칭찬에 우주는 밝게 웃으며 대답했다.

"오늘 토론을 통해 인공지능이 우리 삶에 미치는 영향과 우리가 어떻게 책임감 있게 사용할 수 있을지 깊이 생각해 볼 수 있었어."

행사가 끝난 후, 알렉스는 지수와 우주에게 새로운 제안을 했다.

"이제 실제 문제에 인공지능을 적용해 볼까요? 인공지능 기반의 도전 프로젝트에 여러분도 참여해 보세요. 여러분의 아이디어로 실제 문제를 해결해 보는 건 어떨까요?"

알렉스의 제안은 지수와 우주에게 새로운 도전과 기대감을 안겨 주었다.

우주는 힘찬 목소리로 말했다.

"이제 우리가 배운 것을 실제로 적용해 볼 시간이에요. 우리 일상에 인공지능 활용 방법을 고민하는 건 정말 신나는 일이에요."

지수도 우주의 말에 흥분해서 고개를 끄덕였다.

"우리가 배운 걸 직접 적용해 보는 건 정말 멋진 경험이 될 거예요. 인공지능으로 우리 주변의 문제를 해결할 방법을 찾아볼 수 있다니, 정말 기대돼요."

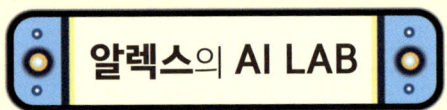

데이터 편향

데이터 편향은 학습 데이터 세트에 특정 유형의 데이터가 과도하게 포함되거나, 특정한 패턴이 불균형하게 반영되어 모델이 편향된 학습을 하는 현상입니다. 이 경우 모델은 특정 데이터에 중심을 두고 학습하게 되며, 그 결과 예측이나 분류에서 불공정하거나 왜곡된 결과를 초래할 수 있어요. 예를 들어, 얼굴 인식 모델이 특정 인종 중심의 데이터 세트로 학습되면, 다른 인종에 대해서는 낮은 성능을 보일 수 있습니다.

• 데이터 편향이 왜 문제가 될까요?

편향된 데이터를 바탕으로 학습된 모델은 특정 인종, 성별, 연령대 등 특정 집단이나 특정 상황에서 일관되게 잘못된 예측을 하거나, 특정 사용자에게 불공정한 결과를 제공할 수 있습니다. 이는 특히 의료, 금융, 법률 등 중요한 결정이 이루어지는 분야에서 큰 문제가 될 수 있어요. 잘못된 예측은 심각한 피해를 초래할 수 있으며, 사회적 불평등을 심화시킬 위험이 있습니다.

• 데이터 편향을 어떻게 해결할 수 있을까요?

데이터 편향을 해결하기 위해서는 다양한 접근이 필요합니다. 데이터 세트를 구성할 때 가능한 한 다양한 인구 집단, 상황, 환경을 반영하여 균형 잡힌 데이터를 수집하는 것이 중요해요. 학습 과정에서는 편향을 최소화하기 위한 알고리즘을 도입할 수 있어요. 예를 들어, 모델이 특정 그룹에 대해 편향된 결과를 내지 않도록 공정성 제약 조건을 적용할 수 있습니다. 마지막으로, 모델의 성능을 다양한 기준에서 평가하여 편향 여부를 모니터링하고, 필요시 재학습이나 데이터 세트 보완을 통해 문제를 수정해야 합니다.

인공지능 알고리즘의 편향

인공지능 알고리즘은 데이터를 바탕으로 학습하지만, 그 과정에서 편향이 발생할 수 있어요. 알고리즘 편향은 특정 그룹이나 상황에 대해 잘못된 예측을 하거나, 불공정한 결정을 내리는 현상입니다. 이는 특히 의료, 채용, 법률 등에서 심각한 문제를 일으킬 수 있어요. 이러한 편향은 왜 발생할까요?

• 알고리즘 편향의 원인은 무엇일까요?

알고리즘의 편향은 여러 원인에 의해 발생할 수 있어요. 첫 번째 원인은 데이터 편향입니다. 학습 데이터가 특정 집단이나 상황에 치우쳐 있다면, 알고리즘도 그 편향을 학습하게 됩니다. 예를 들어, 얼굴 인식 모델이 특정 인종의 데이터를 더 많이 학습했다면, 다른 인종에 대해 인식 정확도가 떨어질 수 있어요. 두 번째 원인은 알고리즘 자체의 설계입니다. 알고리즘이 특정 패턴에 지나치게 민감하게 반응하거나, 편향된 데이터를 올바르게 처리하지 못할 경우, 편향된 결정을 내릴 수 있어요. 마지막으로 데이터 수집 과정의 편향도 원인이

됩니다. 무의식적으로 특정 그룹이 과소 대표되거나, 특정 상황이 과대 대표되면, 이러한 불균형이 알고리즘 편향으로 이어질 수 있어요.

• 알고리즘의 편향을 어떻게 해결할 수 있을까요?

　알고리즘의 편향을 해결하기 위해서는 다양한 접근이 필요합니다. 첫째, 균형 잡힌 데이터 세트를 구성하는 것이 중요해요. 다양한 인구 집단, 상황, 환경을 반영하여 편향이 최소화된 데이터를 수집해야 합니다. 둘째, 공정성 알고리즘을 도입해 특정 그룹에 대한 편향을 줄일 수 있어요. 예를 들어, 공정성 제약을 통해 모델이 특정 집단에 대해 불공정한 결정을 내리지 않도록 설정할 수 있습니다. 마지막으로, 알고리즘 성능 평가가 필요합니다. 모델이 내리는 결정을 지속적으로 모니터링하고, 편향이 감지되면 이를 수정할 수 있는 절차를 마련해야 해요. 이렇게 다양한 방법을 통해 알고리즘 편향을 줄일 수 있습니다.

인공지능의 사회적 영향

- 인공지능은 교육 격차를 어떻게 심화시킬 수 있나요?

　인공지능 기술은 교육에서 큰 잠재력이 있지만, 이 기술에 접근할 수 있는 사람과 그렇지 않은 사람 간의 격차를 벌릴 수 있습니다. 인공지능 기반 학습 도구는 경제적으로 여유 있는 학교나 가정에서만 쉽게 접근 가능해요. 이에 반해, 기술 접근성이 낮은 곳에서는 활용이 어려워 교육 불평등이 심화될 수 있어요.

- 인공지능이 기술 격차와 빈부 격차에 어떤 영향을 미칠까요?

　인공지능 기술은 경제 성장을 촉진하지만, 기술 격차와 빈부 격차를 확대시킬 위험이 있어요. 고급 기술을 활용하는 사람들은 인공지능의 혜택을 누리지만, 그렇지 못한 사람들은 소외될 수 있습니다. 이로 인해, 소득 격차가 벌어지고, 사회적 불평등이 심화될 수 있어요.

• 인공지능이 실직 문제에 미치는 영향은 무엇인가요?

　인공지능은 반복적인 직업을 자동화해 생산성을 높일 수 있지만, 대규모 실직을 초래할 수 있습니다. 특히 예측 가능한 업무를 수행하는 직업들이 인공지능에 의해 대체될 가능성이 커요. 이에 따라 실업률이 상승하고, 노동 시장의 변화가 불가피할 수 있습니다. 이러한 문제를 완화하기 위해서는 교육 및 재교육 프로그램을 강화하고, 기술 접근성을 높이며, 공정성을 보장하는 인공지능 시스템을 개발하는 것이 중요합니다. 이를 통해 인공지능이 사회에 긍정적인 영향을 미칠 수 있도록 해야 합니다.

7장

인공지능 프로젝트와 경연 대회

↳ 지속 가능한 에너지 관리를 위한 인공지능 솔루션

A 허브는 인공지능 프로젝트와 경연 대회가 활발히 이루어지는 혁신적인 공간이다. 벽면에는 다양한 인공지능 관련 정보가 시각적으로 표현된 디지털 보드와 포스터가 실시간으로 변화하며 흐르고 있었다. 공간 중앙에는 대형 인터랙티브 스크린이 설치되어 있어, 참가자들이 프로젝트 아이디어를 발표하고 다른 팀과 실시간으로 경쟁할 수 있었다. 공중에는 홀로그래픽 디스플레이가 떠다니며, 다양한 AI 프로젝트의 진행 상황과 경연 대회의 실시간 결과를 보여 주고 있었다.

A 허브는 기대와 설렘으로 가득했다. 지수와 우주는 녹색 인공지능 경연 대회의 공고를 읽으며 앞으로의 프로젝트에 대한 기대를 나누었다.

"이것 좀 봐!"

우주가 지수에게 들뜬 목소리로 말했다.

"이 대회는 환경 문제에 인공지능을 적용할 수 있는 완벽한 기회야! '스마트 시티를 위한 지속 가능한 에너지 관리 인공지능 솔루션'이라니, 정말 도전적인 주제지."

지수는 우주의 열정에 공감했다.

"우리가 배운 인공지능 기술을 실제 환경 문제 해결에 사용할 수 있다는 사실이 너무 설레. 우리의 아이디어가 지속 가능한 발전에 기여할 수 있다고 생각하니 가슴이 뛰어."

그들은 A 허브에서 팀 구성을 마무리했다. 지수는 프로젝트의 관리와 실행, 그리고 데이터 분석을 책임지기로 했고, 우주는 창의적인 아이디어와 인터페이스 설계를 맡기로 했다. 알고리즘 설계와 기술적 지원은 알렉스가 담당하기로 했다.

지수는 프로젝트의 핵심 목표를 명확하게 제시했다.

"인공지능 기술을 적용해 스마트 시티에서 에너지 사용 효율을 개선하는 방안을 찾아보자!"

우주도 지수의 목표에 공감하며 덧붙였다.

"우리가 개발할 인공지능 솔루션은 미래 도시의 에너지 사용 방식을 개선하는 데 도움이 될 거야. 이건 단순한 프로젝트를 넘어서, 더 나은 미래를 만드는 데 기여할 중요한 작업이지!"

그들의 목표는 인공지능 기술이 지속 가능한 미래에 긍정적인 영향을 미칠 수 있다는 것을 입증하는 것이었다. 지수와 우주는 이 프로젝트에 인공지능을 활용해 에너지 효율성을 높이고, 이를 통해 탄소 배출을 줄여 환경 보호에 기여하기를 바랐다.

지속 가능한 에너지 관리를 위한 인공지능 프로젝트 개발

지수와 우주는 경연 대회 주제에 맞춰 전략을 수립하며 역할 분담을 했다. 지수는 지속 가능한 에너지 관리에 관한 연구 자료와 보고서를 모으는 데 집중했다. 우주는 인공지능 기술을 활용하여 에너지 분배 및 최적화를 개선할 다양한 아이디어를 제시했다.

알렉스가 프로젝트에 대해 조언했다.

"인공지능 모델을 이용해 에너지 소비 패턴을 분석하고 예측하는 것이 이 프로젝트의 핵심이에요. 이 방법을 통해 스마트 그리드 시스템 내에서 에너지 사용을 더욱 효율적으로 관리할 수 있습니다."

지수는 프로젝트 방향을 더욱 명확하게 설명했다.

"그럼 지능형 에너지 관리를 통해 에너지 효율성을 최대화하고, 재생 가능 에너지 사용을 촉진하는 것을 목표로 하죠."

우주도 자신의 역할을 명확히 했다.

"실시간으로 수집되는 에너지 데이터를 활용해 인공지능 모델을 훈련시킬 거예요. 이를 통해 더 정밀한 에너지 관리 전략을 개발할 게요."

에너지 관리 인공지능 프로젝트의 발전과 도전

A 허브에서의 하루는 에너지 데이터 분석에 집중하는 것으로 시작되었다. 지수, 우주, 그리고 알렉스는 인공지능 알고리즘을 개발하며, 에너지 사용을 예측하고 최적화하기 위한 기초 작업에 몰두하고 있었다.

데이터 분석에 몰두하고 있는 지수를 보며 우주가 호기심 가득한 목소리로 물었다.

"지금 무슨 분석을 하고 있는 거야?"

지수는 컴퓨터 화면에서 눈을 떼지 않은 채 설명했다.

"에너지 사용 데이터를 면밀히 분석 중이야. 인공지능 모델이 정확한 예측을 하려면 이 데이터를 세심하게 분석해야 해. 이를 통해 언제 에너지 사용량이 증가하고, 어디에서 에너지를 절약할 수 있는지 알 수 있거든."

A 허브 벽면 화면이 밝아지고 중앙에 다채로운 색상들이 다양한 방향으로 뻗어가며 창의력의 폭발을 보여 주었다. 중심에서 빛나는 밝은 빛은 독창적인 아이디어의 탄생을 표현했다.

에너지 점수판은 '초기 에너지: 40', '에너지 변화: +10', '남은 에너지: 50'으로 업데이트되어 현재 보유한 총 에너지를 보여 주었다.

우주는 지수의 설명에 고개를 끄덕이며, 분석 작업의 중요성을 깨달았다.

"아, 그렇구나. 에너지 효율성을 개선하는 작업이 데이터 분석에서 시작되는 거군. 이 부분이 우리 프로젝트에서 정말 중요한 역할을 하겠어."

알렉스는 두 사람의 대화를 지켜보며 미소 지었다.

"지수가 하고 있는 데이터 분석 작업이 우리 프로젝트의 핵심이에요. 이 데이터를 기반으로 에너지 사용을 최적화할 인공지능 모델을 개발할 예정입니다. 효율적인 모델을 만들려면 정밀하고 포괄적인 데이터 분석이 필수적입니다."

우주는 고개를 끄덕이며 말했다.

"그렇군요. 결국 지수가 집중하고 있는 데이터 분석이 우리 프로젝트 성공의 열쇠군요."

지수는 잠시 작업을 멈추고 우주에게 따뜻한 미소를 보냈다.

"맞아, 우주. 데이터 분석이 이 프로젝트의 기초가 되고 있어. 이 데이터를 기반으로 에너지 소비를 더욱 효율적으로 관리할 인공지능 솔루션을 만들 수 있을 거야."

지수는 우주가 설계한 사용자 인터페이스를 보며 감탄했다.

"우주, 이건 정말 대단해. 사용자가 자신의 에너지 사용 패턴을 쉽게 확인할 수 있게 해 줬네. 이것은 진정한 혁신이야. 사용자가 에너지 소비를 간편하게 파악할 수 있도록 만들었어!"

A 허브 벽면 화면이 밝아지며 중앙에 서로 맞물려 있는 퍼즐 조각들이 나타났다. 이 조각들은 서로 맞춰지며 완성된 그림을 이루는 듯한 모습으로, 문제를 해결하는 과정을 상징했다.

에너지 점수판은 '초기 에너지: 50', '에너지 변화: +10', '남은 에

너지: 60'으로 업데이트되어 현재 보유한
총 에너지를 보여 주었다.

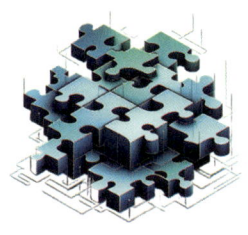

우주는 자신의 작업을 설명하며 화면을
가리켰다.

"이 인터페이스 덕분에 사용자들은 자
신의 에너지 소비를 실시간으로 볼 수 있
어요. 그리고 인공지능이 제공하는 에너지 절약 팁도 바로 여기서
확인할 수 있어요. 이건 우리 시스템에서 매우 중요한 부분입니다."

알렉스는 그들의 대화에 적극적으로 참여하면서 우주를 칭찬했다.

"우주가 개발한 사용자 인터페이스는 사용자 경험을 크게 향상시
킬 수 있어요. 사용자들이 우리 시스템을 쉽게 이해하고 활용할 수
있도록 만드는 것이 바로 핵심 목표입니다."

지수는 우주의 노력을 인정했다.

"네가 만든 인터페이스 덕분에 사용자들이 우리 인공지능 모델을
더욱 쉽게 사용할 수 있게 되었어. 사용자 친화적인 디자인의 중요성
을 너무나도 잘 보여 주고 있어, 정말 멋져."

우주는 너무 기뻤다.

"고마워. 우리 프로젝트의 핵심은 사용자 중심의 시스템을 만드는 거야. 사용자들이 자신의 에너지 소비를 더 효과적으로 관리할 수 있게 될 거야."

이어서 지수는 알렉스에게 중요한 질문을 했다.

"알렉스, 우리 인공지능 모델의 정확성을 높이기 위해 추가로 고려해야 할 변수가 있을까요? 또, 더 포함시켜야 할 데이터가 있는지도 궁금해요."

"우리 모델이 다양한 에너지 사용 시나리오를 반영할 수 있도록 해야 해요. 계절 변화와 같은 자연적 요인뿐만 아니라, 특별 이벤트가 에너지 소비에 미치는 영향도 고려해야 합니다. 또한, 주된 에너지 소비원에 대한 데이터도 포함시켜야 합니다."

우주는 알렉스의 제안에 머리를 끄덕였다.

"실제 생활에서 발생할 수 있는 여러 상황을 우리 모델에 반영하는 거군요. 이 방법을 통해, 우리의 인공지능 모델은 더욱 정밀하고 현실적인 예측을 할 수 있겠어요."

지수는 의견을 추가했다.

"인공지능 모델이 내놓은 예측을 실제 상황과 비교해 검증하는 것도 매우 중요할 거예요. 이 과정을 통해 모델의 정확성을 지속적으로 향상시킬 수 있을 테니까요."

알렉스는 프로젝트를 진행하면서 마주칠 수 있는 기술적 문제들에 대해 설명했다. 데이터의 불완전성, 알고리즘의 한계, 그리고 시스템 안정성에 대한 이슈를 하나하나 정리해 주었다.

알렉스는 먼저 데이터의 불완전성에 대해 언급하며, 모든 데이터가 정확하게 수집되거나 체계적으로 정리되지 않을 수 있다고 설명했다. 이러한 불완전한 데이터는 분석 결과에 오류를 일으킬 수 있으므로, 데이터를 정제하고 보완하는 과정이 필수적이라고 강조했다.

다음으로, 알고리즘 문제에 대해 설명했다. 알렉스는 특정 알고리즘이 모든 상황에서 최적의 해결책을 제공하지 않을 수 있다고 언급했다. 따라서, 다양한 알고리즘을 실험하고, 가장 적합한 알고리즘을 선택하는 과정이 중요하다고 말했다.

마지막으로, 시스템의 안정성 문제를 다뤘다. 알렉스는 시스템이 크고 복잡해질수록 오류가 발생할 가능성이 높아지며, 이러한 문제를 해결하기 위해 시스템의 안정성을 지속적으로 모니터링하고, 필요한 경우 즉시 조치를 취해야 한다고 조언했다.

프로젝트의 기술적 한계와 도덕적 딜레마의 출현

지수와 우주는 A 허브에서 프로젝트를 진행하던 중 예상치 못한 데이터 문제에 직면했다.

지수가 데이터 분석 중 발견한 오류에 대해 걱정하며 말했다.

"데이터에 큰 문제가 있어. 에너지 사용 패턴의 일부가 누락되었거나 잘못된 것 같아. 이 상태로는 인공지능의 예측 정확도를 보장할 수 없어."

우주도 데이터의 정확성이 프로젝트의 성공에 미치는 영향을 우려하며 공감했다.

"데이터의 정확도가 우리 인공지능 모델의 효과에 직접적인 영향을 미친다는 건 분명해. 현재 상태로는 신뢰할 수 있는 결과를 얻기 어려울 것 같아. 어떻게 해결할 수 있을까?"

두 사람은 문제를 해결하기 위해 여러 가지 방안을 논의했지만, 결국 해결책을 찾지 못했다. 지수와 우주는 어쩔 수 없이 알렉스에게 도움을 요청하기로 결정했다. 우주가 컴퓨터로 다가가 알렉스를 호출했다.

"알렉스, 우리가 난관에 부딪혔어요. 에너지 사용 데이터의 일부가

데이터 정제 과정: 왼쪽 불완전한 데이터가 필터를 통해 오른쪽에서 정제된다.

누락되었거나 잘못된 것 같아요."

그 순간, 알렉스가 기술적 해결 방안을 제시했다.

"데이터를 보충하고 정제하는 작업이 시급해요. 추가적인 데이터

소스를 찾아보거나, 데이터 클리닝을 실시해 오류를 수정해야 합니다."

알렉스가 설명을 마치자 에너지 점수판은 '초기 에너지: 60', '에너지 변화: -20', '남은 에너지: 40'으로 업데이트되어 현재 보유한 총 에너지를 보여 주었다.

지수가 고민 끝에 의견을 제시했다.

"에너지 공급 업체나 지방 정부에 도움을 요청하여 추가적인 데이터를 확보할 필요가 있어요. 그리고 현재 가진 데이터를 재검토하고 오류를 수정하는 작업도 진행해야 해요."

우주는 지수의 의견에 동의하며 팀워크의 중요성을 강조했다.

"지수가 데이터 정제 작업을 하는 동안, 나는 그 데이터를 활용해 인터페이스를 더 발전시킬게. 알렉스는 데이터의 질을 개선할 수 있는 기술적 대안을 탐색해 줘요."

이렇게 역할을 분담한 지수, 우주, 그리고 알렉스는 각자의 업무에 깊이 몰두했다. 지수는 데이터를 정제하고, 우주는 인터페이스를 개발하며, 알렉스는 데이터 품질을 향상시키기 위한 방법을 연구했다. 그들의 협력 덕분에 프로젝트는 여러 위기를 극복하며 큰 진전을 이루었다.

그러나 문제를 해결하는 과정에서 새로운 도전이 그들 앞에 나타났다. 프로젝트의 핵심 부분에서 사용된 한 알고리즘이 예상치 못한 방식으로 반응해 결과의 신뢰성에 영향을 미치기 시작했다. 이는 프로젝트의 성공에 큰 위협이 될 수 있었다.

"이 알고리즘이 왜 이런 반응을 보이는지 도무지 이해가 안 돼."

당황한 지수를 바라보며 우주가 덧붙였다.

"우리가 놓친 부분이 있나 봐. 이 문제를 해결하지 못한다면, 우리의 모든 노력이 수포로 돌아갈 수도 있어."

지수와 우주의 걱정이 커져 갔다. 이 문제를 해결하려면 알렉스의 도움이 필요했다. 지수가 알렉스를 불렀다.

"알렉스, 우리 좀 도와줘요. 이 알고리즘이 왜 이렇게 반응하는지 전혀 이해할 수 없어요."

알렉스는 곧바로 대응했다.

"알고리즘의 반응을 분석해 보면 원인을 찾을 수 있을 거예요."

알렉스는 지수와 우주가 제공한 데이터와 알고리즘의 로그를 면밀히 검토했다. 그 과정에서 알렉스는 입력된 데이터의 일부가 예상치 못한 방식으로 처리되어, 알고리즘이 혼란을 겪고 있음을 발견했다.

"여기 문제가 있어요. 데이터의 일부 형식이 알고리즘에 맞지 않아서 발생한 오류 같아요. 이 데이터 형식을 조정하고, 알고리즘에 적합하도록 가공해야 할 것 같아요."

알렉스가 설명을 마치자 에너지 점수판은 '초기 에너지: 40', '에너지 변화: -20', '남은 에너지: 20'으로 업데이트되어 현재 보유한 총 에너지를 보여 주었다.

지수와 우주는 알렉스의 조언에 따라 데이터 형식을 수정하고, 알 고리즘을 다시 조정했다. 그 결과, 알고리즘이 정상적으로 작동하기 시작했다.

A 허브의 조용한 분위기 속에서, 지수와 우주는 시스템의 안정성 문제에 대해 깊이 논의하고 있었다. 지수는 데이터와 코드를 꼼꼼하게 검토하며 문제의 해결 방안을 찾기 위해 집중하고 있었다.

"시스템이 처리해야 할 데이터가 너무 복잡해서 용량을 초과하는 것 같아. 이게 바로 시스템 안정성에 문제를 일으키는 주된 원인일지도 몰라."

우주는 걱정스러운 목소리로 대답했다.

"시스템이 불안정해지면 지금까지의 노력이 모두 헛수고가 될 수 있어. 안정성 문제가 해결되지 않으면, 실제 상황에서 인공지능을 적용하는 건 매우 어려워질 거야."

지수와 우주는 문제를 해결하기 위해 알렉스의 도움을 받고 싶었지만, 에너지 점수를 아껴야 하는 상황이었다. 프로젝트가 막바지에 이르렀기 때문에, 남은 에너지 20을 최대한 효율적으로 사용하기로 결정했다. 그래서 둘은 스스로 문제를 해결하기로 마음먹었다. 지수는 데이터 처리 방법에 대한 새로운 아이디어를 제시했고, 우주는 그 아이디어를 바탕으로 코드를 수정해 실행에 옮겼다. 밤을 새우며 그들은 데이터를 더 효율적으로 처리할 방법을 끈질기게 모색했다.

"이 방법이 과연 효과가 있을까?"

우주가 걱정스러운 목소리로 물었을 때, 지수는 자신감 있는 미소로 답했다.

"우리가 함께라면 해낼 수 있어. 하나씩 문제를 해결해 나가자."

두 사람은 서로의 아이디어를 존중하며, 각자의 강점을 최대한 발휘해 문제 해결 방안을 구체화했다. 그들의 협력 덕분에 해결의 실마리가 보이기 시작했고, 그들은 알렉스에게 조언을 구할 준비가 되었다. 우주는 알렉스를 호출하며 말했다.

"알렉스, 데이터 처리와 시스템 리소스 관리에 대한 조언이 필요해요."

알렉스는 신속하게 응답하며 해결책을 제시했다.

"포기하지 마세요. 해결책을 찾을 수 있을 겁니다. 데이터 처리 과정을 더 효율적으로 만들고, 시스템 리소스 관리를 재구성하는 것이 중요해요."

알렉스가 설명을 이어 갔다. 에너지 점수판은 '초기 에너지: 20', '에너지 변화: -20', '남은 에너지: 0'으로 업데이트되어 현재 보유한 총 에너지를 보여 주었다.

20

-20

0

"데이터 스트리밍 기술과 클라우드 컴퓨팅의 도입을 통해 시스템의 부담을 줄일 수 있어요. 이를 통해 더 큰 데이터를 효과적으로 처리할 수 있습니다."

지수와 우주는 알렉스의 조언을 바탕으로 새로운 계획을 세웠다. 데이터 스트리밍 기술을 도입하여 실시간으로 데이터를 처리하고, 클라우드 컴

클라우드 컴퓨팅과 데이터 센터의 상호 작용

퓨팅을 통해 시스템 리소스를 효율적으로 관리하기로 했다. 그들은 데이터의 정확성을 높이고 시스템의 안정성을 확보하는 데 더욱 집중했다.

지수와 우주는 마침내 문제를 해결했다. 알렉스의 조언과 그들의 끈기 덕분에 프로젝트는 안정성을 되찾았고, 그들은 성공적인 결과를 향해 나아갔다. 프로젝트가 기술적으로 마무리되어 가면서, 지수와 우주는 그들이 만든 시스템의 도덕적 책임에 대해 깊이 고민하기 시작했다.

지수는 우주에게 자신의 걱정을 털어놓았다.

"우리 프로젝트가 성공하면 에너지 사용 패턴에 큰 변화를 가져

올 거야. 하지만 이 혁신이 모두에게 이로울지는 확신할 수 없어."

우주는 진지하게 고민하며 응답했다.

"맞아. 우리의 인공지능 시스템이 일부 사람들에게 부정적인 영향을 줄 수 있고, 기존 에너지 시스템과 충돌할 가능성도 있어."

이러한 고민은 그들이 단순히 기술적 성공을 넘어, 사회적 영향과 책임까지 고려해야 하는 중요한 시점에 도달했음을 의미했다. 지수와 우주는 프로젝트의 결과가 가져올 장단점을 신중하게 평가하고, 가능한 부정적인 영향을 최소화하는 방안을 모색하기로 했다. 그들은 이제 프로젝트를 통해 달성한 기술적 성과를 넘어, 그것이 사회에 미칠 영향에 대해 책임감을 가지고 접근하기 시작했다.

결정적인 순간과 대회 발표

대회 당일, 지수와 우주는 설렘과 긴장을 안고 발표 장소로 발걸음을 옮겼다. 많은 준비를 했지만, 발표를 앞둔 순간에는 여전히 가슴이 두근거렸다. 발표가 시작되자 지수가 먼저 프로젝트의 목적을 설명했다. 그녀는 프로젝트가 출발하게 된 동기와 설정한 목표를 청중에게 명확히 전달했다. 이어서, 프로젝트를 구현하는 과정에서 직면한 어려움과 이를 극복하기 위해 사용한 방법들을 자세히 이야기했다.

우주는 이어서 인공지능 모델의 작동 원리와 이를 통해 에너지 관리에 어떤 혁신적 변화를 이끌어 낼 수 있는지 설명했다. 그는 인공지능이 어떻게 데이터를 분석하여 에너지를 효율적으로 관리할 수 있는지 구체적인 예를 들어가며 설명했다. 특히, 그의 설명은 청중에게 깊은 인상을 주었고, 발표는 점점 더 탄력을 받았다.

그들의 발표는 청중과 심사위원으로부터 긍정적인 반응을 얻었다. 청중은 지수와 우주의 발표에 집중하며, 그들의 아이디어와 창의적인 접근 방식에 큰 관심을 보였다. 심사위원 역시 이들의 혁신적인 아이디어와 문제 해결 능력을 높이 평가했다.

지수는 자신들의 경험을 바탕으로 인공지능 데이터의 품질과 모델 정확성이 얼마나 중요한지에 대해 강조했다.

"이 프로젝트를 수행하면서 우리는 여러 도전에 직면했으며, 인공지능 데이터의 품질과 모델의 정확성이 프로젝트 성공에 얼마나 결정적인지 깊이 깨달았습니다. 이 경험은 우리에게 소중한 교훈이 되었습니다."

그녀의 답변은 심사위원들에게 깊은 인상을 남겼습니다.

대회의 클라이맥스에서, 한 심사위원이 날카로운 질문을 던졌습니다.

"여러분의 인공지능 시스템이 특정 사용자 그룹에게 불평등을 야기하거나 기존 에너지 관리 시스템을 교란할 가능성에 대해 어떻게 생각하십니까?"

이 질문은 그들이 준비 과정에서 깊이 고민했던 윤리적 고려 사항과 직접적으로 연결되는 것이었다.

지수와 우주는 잠시 서로를 바라보며 고민에 잠겼다. 그들은 이 질문이 프로젝트의 성공 여부뿐만 아니라, 그들의 책임감과 윤리의식에 대한 시험하는 것임을 깨달았다. 지수는 차분한 목소리로 대답했다.

"우리는 이 문제를 매우 중요하게 생각하고 있습니다. 프로젝트 초기 단계부터 다양한 사용자 그룹을 고려한 데이터 수집과 모델링을 통해 불평등을 최소화하려고 노력했습니다. 모든 사용자가 공평하게 혜택을 받을 수 있도록, 다양한 사회적 배경을 가진 사람들의 데이터를 분석하고, 그에 맞춰 모델을 개발했습니다. 또한, 기존의 에너지 관리 시스템과의 호환성을 유지하면서도, 효율성을 높일 수 있는 방법을 지속적으로 모색했습니다. 최종 목표는 모든 사용자에게 공평하고 효과적인 에너지 관리 솔루션을 제공하는 것입니다."

지수의 말을 듣던 우주는 고개를 끄덕이며 말을 이어 갔다.

"지수가 말한 것처럼, 우리는 이 프로젝트에서 데이터의 중요성을 깊이 깨달았습니다. 지속적으로 데이터를 모니터링하고, 필요한 경우 알고리즘을 조정할 계획입니다. 시스템이 모든 사용자에게 공평하게 작동하고, 특정 그룹에 불리하게 작용하지 않도록 최선을 다하겠습니다. 이 과정에서 새로운 데이터를 계속해서 학습하며, 모델이 더욱 정확해지도록 하겠습니다."

지수와 우주의 진지한 답변은 심사위원들과 청중에게 깊은 인상을 남겼다. 그들은 기술적 성과를 넘어, 사회적 책임까지 고려한 점에서 높은 평가를 받았다. 대회가 끝난 후, 지수와 우주는 알렉스의 제안에 따라 실제 문제에 인공지능을 적용하는 새로운 도전에 나설 준비를 했다.

우주는 결심한 듯 힘찬 목소리로 말했다.

"이제 우리가 배운 것을 실제로 적용해 볼 시간이에요. 우리가 개발한 인공지능을 학교와 동네에서 사용해 보려고 해요."

지수도 우주의 말에 흥분한 듯 고개를 끄덕였어요.

"배운 것을 직접 실천해 보는 건 정말 멋진 경험이 될 거예요. 인공지능으로 주변 문제를 해결할 방법을 찾아볼 수 있다니, 정말 기대돼요!"

그녀의 목소리에는 새로운 도전을 시작하는 기쁨과 설렘이 가득했다.

반성과 성찰

지수는 인공지능 기술을 사용하며 갖추어야 할 책임감을 강조하며 말했다.

"우리는 이 기술을 단순히 사용하는 데 머물러서는 안 돼요. 책임 있는 리더가 되어야 해요. 인공지능이 가진 힘을 제대로 이해하고, 그것을 올바르게 사용하는 방법을 배워야 해요. 우리가 하는 선택 하나하나가 앞으로의 세상에 큰 영향을 미칠 수 있음을 잊지 말아야 해요."

지수는 이 프로젝트를 통해 배운 것들을 되새기며, 알렉스에게 감사의 마음을 표현했다.

"이 프로젝트를 통해 인공지능이 어떻게 세계를 변화시킬 수 있는지를 배웠어요. 이제 우리는 이 기술을 책임감 있게 사용하며, 더 나은 세상을 만드는 데 기여할 준비가 되었어요. 앞으로 어떤 도전이 있더라도, 우리는 이 경험을 통해 배운 책임감을 잊지 않을 거예요."

그들은 인공지능이 단지 기술적 도구를 넘어서, 사회에 중대한 영향을 미칠 수 있는 중요한 자산임을 깊이 인식하게 되었다. 또한, 지속 가능한 미래를 위한 강력한 도구로서 인공지능의 잠재력을 깨달았다. 앞으로도 이 기술을 통해 어떻게 사회에 기여할 수 있을지, 그리고 어떤 방식으로 이끌어 나가야 할지를 계속해서 고민하며 나아가기로 다짐했다.

스마트 그리드 시스템

• 스마트 그리드 시스템이란 무엇인가요?

　스마트 그리드 시스템은 전력망에 정보통신 기술을 통합하여, 전력의 생산, 전달, 소비를 실시간으로 모니터링하고 관리하는 기술이에요. 기존의 전력망이 단순히 전력을 공급하는 역할만 했다면, 스마트 그리드는 양방향 통신을 통해 전력 사용 패턴을 분석하고, 수

요에 맞춰 공급을 조절하는 등 더 효율적이고 안정적인 전력 관리를 가능하게 해 줘요.

• 스마트 그리드 시스템의 주요 기능은 무엇인가요?

　스마트 그리드 시스템의 주요 기능에는 실시간 모니터링, 수요 반응 관리, 분산 에너지 자원의 통합, 그리고 자동화된 전력 분배가 포함됩니다. 실시간 모니터링을 통해 전력 사용량과 공급 상황을 파악하고, 수요 반응 관리를 통해 전력 수요를 최적화할 수 있어요. 또한, 태양광, 풍력과 같은 분산 에너지 자원을 통합하여 지속 가능한 에너지 시스템을 구축할 수 있습니다.

• 스마트 그리드 시스템이 왜 중요할까요?

　스마트 그리드 시스템은 에너지 효율을 높이고, 전력 공급의 안정성을 강화하며, 환경 보호에 중요한 역할을 합니다. 증가하는 전력 수요에 대응하고, 재생 가능 에너지를 효율적으로 활용하기 위해 스마트 그리드는 필수적이에요. 또한, 스마트 그리드는 전력망의 유연성을 높여 예기치 못한 전력 수급 문제를 예방하고, 지속 가능한 미래의 에너지 기반을 마련해 줍니다.

사용자 인터페이스(UI) 개선

• 사용자 인터페이스(UI) 개선이란?

　디지털 제품이나 서비스에서 사용자가 더 직관적이고 편리하게 상호 작용할 수 있도록 사용자 인터페이스 디자인을 개선하는 것을 말해요. 이는 사용자 경험을 향상시키기 위한 노력의 일환으로, 복잡한 인터페이스를 단순화하고, 사용자가 쉽게 이해할 수 있는 시각적 디자인과 네비게이션을 제공하는 것을 목적으로 합니다.

• 사용자 인터페이스 개선의 주요 요소는 무엇인가요?

　사용자 인터페이스 개선의 주요 요소에는 가독성, 직관성, 응답성, 그리고 일관성이 포함됩니다. 가독성은 텍스트와 그래픽 요소가 쉽게 읽히도록 하는 것이에요. 직관성은 사용자가 사용자 인터페이스를 처음 접했을 때도 쉽게 이해하고 사용할 수 있도록 설계하는 것을 의미해요. 응답성은 사용자의 입력에 시스템이 신속하게 반응하도록 만드는 것이며, 일관성은 모든 화면과 기능이 일관된 디자인과 사용자 흐름을 유지하는 것을 의미합니다.

• **사용자 인터페이스 개선의 중요성은 무엇인가요?**

　사용자 인터페이스 개선은 사용자 경험을 향상시키고, 제품이나 서비스의 효율성과 만족도를 높이는 데 필수적입니다. 좋은 사용자 인터페이스는 사용자가 제품을 쉽게 이해하고 사용하는 데 도움이 되며, 사용자의 오류를 줄여 목표를 빠르게 달성할 수 있게 해 줘요. 또한, 사용자 인터페이스 개선은 사용자 유지율을 높이고, 브랜드 신뢰성을 강화하는 데 중요한 역할을 합니다. 결과적으로, 잘 설계된 사용자 인터페이스를 가진 제품은 시장에서 성공 가능성이 높아요.

알고리즘 최적화

알고리즘 최적화는 주어진 문제를 해결하기 위해 알고리즘의 성능을 최대한 향상시키는 과정을 말해요. 이는 알고리즘의 실행 속도를 높이거나 메모리 사용을 줄이는 등 다양한 방식으로 이루어질 수 있어요. 최적화를 통해 프로그램이 더 빠르고 효율적으로 작동하게 되어, 자원을 절약하면서도 더 높은 성능을 제공할 수 있습니다.

- 알고리즘 최적화의 주요 기법에는 무엇이 있나요?

알고리즘 최적화에는 여러 가지 기법이 있어요. 대표적인 기법으로는 시간 복잡도 최적화와 공간 복잡도 최적화가 있습니다. 시간 복잡도 최적화는 알고리즘이 문제를 해결하는 데 걸리는 시간을 줄이는 것이고, 공간 복잡도 최적화는 알고리즘이 사용하는 메모리 공간을 최소화하는 것을 목표로 해요. 또한, 코드 효율성 개선과 병렬 처리 등의 기법도 알고리즘 최적화에 자주 사용됩니다.

• 알고리즘 최적화가 왜 중요할까요?

　알고리즘 최적화는 프로그램이나 시스템의 성능을 크게 향상시킬 수 있기 때문에 중요합니다. 최적화된 알고리즘은 더 적은 자원을 사용하면서도 더 빠른 처리 속도를 제공해, 사용자 경험을 개선하고 비용을 절감할 수 있어요. 특히, 대규모 데이터 처리나 실시간 응답이 중요한 응용 프로그램에서는 알고리즘 최적화가 필수적입니다. 최적화된 알고리즘은 시스템의 전체 효율성을 높이고, 경쟁력 있는 제품이나 서비스를 개발하는 데 중요한 역할을 합니다.

에필로그
인공지능 혁신가들

강당의 정적 속에서, 우주와 지수는 무대 뒤에서 서로를 바라보며 이번 경험에서 얻은 소중한 교훈을 되새겼다. 알렉스가 홀로그램 빛을 내며 대화에 참여했다.

"이 경험을 통해 인공지능이 미래에 어떠한 역할을 할 수 있는지 직접 체험했어요. 서로 협력하고 창의력을 발휘하면 얼마나 큰 변화를 만들어 낼 수 있는지 보았죠."

지수의 눈에는 감동과 새로운 도전에 대한 기대감이 가득했다.

우주도 흥분을 감추지 못하며 덧붙였다.

"우리가 인공지능을 통해 이룰 수 있는 일들을 생각하면 정말 설레요. 앞으로 해결해야 할 문제들과 우리가 만들어 낼 혁신적인 솔루션들이 너무 기대돼요."

알렉스는 미소를 지으며 그들의 발전을 격려했다.

"여러분은 진정으로 혁신의 경로를 걷고 있습니다. 여러분의 창의성과 기술력이 어떠한 놀라운 변화를 가져올지 기대됩니다."

그러면서 알렉스는 최종 에너지 점수가 0으로 마무리된 것을 언급했다.

"에너지 점수가 0이 된 것은 여러분이 이번 프로젝트에 얼마나 많은 노력을 기울였는지를 보여 주는 상징적 의미를 담고 있어요. 모든 에너지를 쏟아부어 한계까지 도전했고, 그 결과로 큰 성과를 이뤄냈습니다. 이 경험을 통해 여러분은 앞으로 더 큰 도전에 맞설 준비가 된 것이죠."

알렉스의 목소리가 잔잔히 울려 퍼졌다. 그러자 화면 위에 있던 알렉스의 홀로그램이 서서히 희미해지기 시작했다. 빛나는 형체는 점점 투명해지더니, 마침내 완전히 사라졌다. 우주와 지수는 잠시 그 자리에 서서 알렉스가 사라진 공간을 바라보았다.

지수는 그들의 모험을 되돌아보며 깊은 생각에 잠겼다.

"인공지능의 발전은 멈추지 않을 거야. 우리는 이 지속적인 변화에 발맞춰 항상 배우고 성장해야 해. 새로운 기술과 아이디어를 탐구하는 것이 바로 우리의 과제라 생각해."

우주는 지수의 말에 강하게 공감하며 확신에 찬 목소리로 답했다.

"맞아, 지수. 우리의 끊임없는 노력과 인공지능의 잠재력을 결합한다면, 분명히 우리는 세상을 더 나은 곳으로 만들 수 있을 거야."

그의 눈빛에서는 미래에 대한 희망이 반짝였다.

컴퓨터실을 빠져나온 두 사람은 서로를 바라보며, 이번 경험을 통해 얻은 깨달음과 서로에 대한 감사를 나눴다. 알렉스와의 이별이 아쉬웠지만, 그들은 이미 인공지능 기술의 미래를 이끌 혁신가로 성장했다. 그들은 이제 막 첫걸음을 내디뎠고, 끝없는 가능성이 펼쳐진 넓은 세상으로 나아가고 있었다.